勒·柯布西耶新精神丛书

人类三大聚居地规划

[法] 勒·柯布西耶　著

刘佳燕　译

中国建筑工业出版社

著作权合同登记图字：01-2005-6466号

图书在版编目（CIP）数据

人类三大聚居地规划／（法）柯布西耶著；刘佳燕译. —北京：
中国建筑工业出版社，2009（2023.10重印）
（勒·柯布西耶新精神丛书）
ISBN 978-7-112-10817-6

Ⅰ. 人… Ⅱ.①柯…②刘… Ⅲ. 区域规划-研究 Ⅳ. TU981

中国版本图书馆 CIP 数据核字（2009）第 034990 号

Le Corbusier: Les trois établissements humains
Copyright © 1968, 1997 Fondation Le Corbusier, published by Editions Altamira
Chinese Translation Copyright © 2009 China Architecture & Building Press
Through Vantage Copyright Agency of China

All rights reserved.

本书经广西万达版权代理中心代理，Fondation Le Corbusier 正式授权翻译、出版

策　　划：董苏华
责任编辑：董苏华　戚琳琳　孙　炼
责任设计：郑秋菊
责任校对：李志立　王雪竹

勒·柯布西耶新精神丛书
人类三大聚居地规划
[法] 勒·柯布西耶　著
　　刘佳燕　译

*
中国建筑工业出版社出版、发行（北京海淀三里河路9号）
各地新华书店、建筑书店经销
北京嘉泰利德公司制版
北京中科印刷有限公司印刷
*
开本：880×1230毫米　1/32　印张：$5\frac{7}{8}$　字数：250千字
2009年8月第一版　2023年10月第五次印刷
定价：**36.00**元
ISBN 978-7-112-10817-6
　　　　（36112）

版权所有　翻印必究
如有印装质量问题，可寄本社退换
（邮政编码　100037）

COLLECTION DE ''L'ESPRIT NOUVEAU''

LE CORBUSIER

L'URBANISME

DES TROIS

ETABLISSEMENTS HUMAINS

我们应该始终讲述我
们所看到的，尤其必须始
终看到我们所看到的，这
一点更为困难。

目　录

序言 ……………………………………………………………………………… vii

第1章 **基本陈述** ……………………………………………………………… 1

聚居地和城镇的沙漠 …………………………………………………… 3

郊区、花园城市和触须状的大城市 ………………………………… 7

建筑革命和现代城市主义 ……………………………………………… 13

交通规则和地面的利用 ………………………………………………… 33

第2章 **工作中的一个道德伦理** …………………………………………… 41

道德状况 ………………………………………………………………… 42

物质环境 ………………………………………………………………… 45

第3章 **人类三大聚居地** ……………………………………………………… 51

地面的利用 ……………………………………………………………… 52

农业开发单元 …………………………………………………………… 59

乡村单元 ……………………………………………………………… 60

合作村庄 ……………………………………………………………… 71

线性工业城市 …………………………………………………………… 81

工业单元 ……………………………………………………………… 82

绿色工厂 ……………………………………………………………… 89

4 公里外获得恢复的住宅 ………………………………………… 96

100 公里外获得素质提升的场所 ………………………………… 104

单中心放射状的交换型城市 ················· 109

第 4 章　现实情况 ················· 113

从海洋到乡村 ················· 114

飞机 ················· 119

第 5 章　巴黎的影响范围 ················· 125

城镇 ················· 126

1942 年夏天的巴黎 ················· 128

原则宣告 ················· 129

住宅 ················· 131

交通 ················· 135

中心区 ················· 139

工厂 ················· 143

第 6 章　生活本身的开放途径 ················· 153

第 7 章　城市化研究 ················· 155

序　言

　　大部分政府都已经意识到经过良好规划的城市发展、控制环境污染和恢复自然环境的必要性。印度旁遮普邦政府（Punjab State Government）对于乡村和城市地区的规划发展给予了极高的关注，并采取了诸项十分重要而且大胆的措施。在我寻找有关空间规划方面可靠而有用的文献资料的过程中，一本名为《人类三大聚居地规划》（The Three Human Establishment）的著作进入了视野。这本书原由勒·柯布西耶以法文撰写，他作为一名蜚声世界的建筑师，曾于1951～1965年期间担任昌迪加尔市（Chandigarh）的首席规划师。此书的英译版由U. E. Chowdhury夫人完成。她曾作为帮助勒·柯布西耶和皮埃尔·让纳雷（Pierre Jeanneret）完成昌迪加尔规划的各国建筑师团队的成员之一，现任旁遮普首席建筑师。她获得了柯布西耶授权英译和出版此书，好多年前就完成了全书从法文到英文的翻译，但不幸的是，出书未能成功。

　　柯布西耶认识到，将工厂和其他产业布置在城市内部，导致了西方城市的毁灭。这些工厂使得城镇中现有的服务设施不堪重负，抑制它们的增长，并带来拥挤、交通和污染的问题。他发现在印度，尤其是旁遮普，尚处于工业化的发展初期，可以从西方的错误历程中吸取教训，将工业布置于自给自足的社区之外，而不是现有城镇内部，以避免重蹈覆辙。在本书中，他解释了人类三大聚居地——城市、乡村和工业——如何能够并肩共存，并相互支持。

　　所有第三世界国家都在试图通过农业现代化和快速工业化进程，努力加快增长速度。这些发展中国家快速而且全然无序的城市化进程显示，数个世纪以来传统的城乡关系，已经被人们对于快速经济发展这一目标的追逐所打乱。在欠发达国家，伴随人口的急剧增长，这一局面进一步恶化，导致了巨大的贫民窟、违章建筑和低于正常标准的人类生存环境的出现。自然环境已经被扰乱，难以修复，我们面对严重的污染问题，将带来疾病、堕落和绝望。

我很高兴本书能在旁遮普邦政府的支持下成功出版。为了使最多的城镇规划师、建筑师、工程师和其他感兴趣的专业人士能从这位伟大的法国建筑师关于空间规划的观念和理论中受益，我们决定以极高的补助价格向州政府各技术部门成员提供本书。我相信，这本书将以最合适的大众价格吸引专业和非专业人士的极大关注。

N. N. VOHRA

旁遮普住房和城市发展部部长，政府秘书长

昌迪加尔

1976 年 8 月 1 日

智慧和精神的其他所有品质，难道不是所有诗人和艺术家创造性天赋的源泉么？女祭司狄奥提玛（Diotima）接着说，最美丽和最高形式的智慧乃是对城市和家庭体制的关注，这就叫做审慎和公允。

　　　　　　　　　　　——柏拉图《盛宴》（Le Banquet）

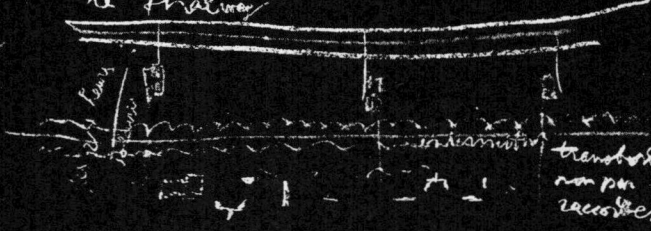

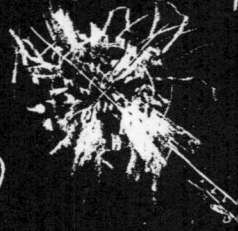

里尔克（Rilke）在一封谈到保罗·塞尚（Paul Cezanne）的信中写道："一天，当现在的工业和其他相关问题开始暴露，塞尚带着狂怒的眼神大声呼喊：'这正在变得糟糕，生命是可怕的……'"

保罗·塞尚是一个画家。每天，他看见乡村受到新的冲击，城镇在无法抗拒的压力下爆裂，周围环绕着丑陋的郊区。他感到整个世界被一种危机所震撼，将要趋向毁灭：风景，城镇，福利，习惯……

然而，生命将总是最为强大的：需要充分理解它，而不是完全与之对抗。

第 1 章
基 本 陈 述

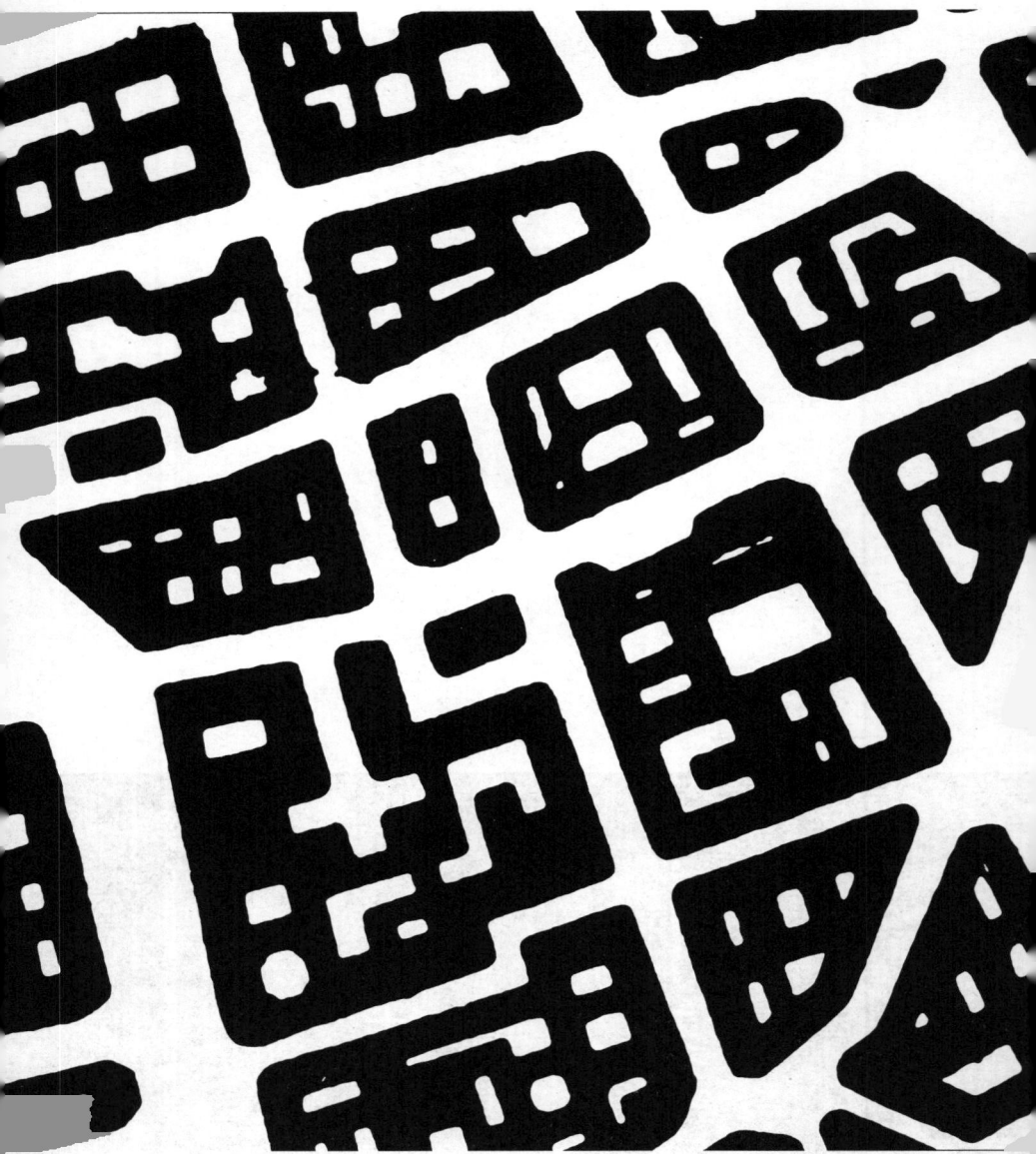

聚居地和城镇的沙漠

使用木材、石头或砖块，向下开挖地下室，反复使用两堵承重墙支撑起各层楼板，这种传统的建房原则一直被沿用不息。

在使用马车和牛车的年代，聚居不断增多而形成街道，街道两旁是用上述方式建成的一层住房，有时为两层，这些房子的主要窗户开向由四条街形成的街区内花园。

快20倍的交通工具（每小时100公里）已经取代了人力或牛、马、驴等古老落后的运输方式。不到一百年间，一种新的文明诞生了，用它自己的方式颠覆了整个世界。传统的人类标准被打破、超越，也许已经丧失消亡。

工业的兴起几乎掏空了各地的乡村，同时伴之以城镇的巨大发展（巴黎地区的居民人数从1851年的250万增长到今天的750万；在纽约，人口从1920年的12.5万增长到今天的800万，加上郊区人口达到1300万）。

城镇中心区呈现出聚集现象，传统马车和牛车时代的一层住宅上，增盖了七八层，马匹、牛群和花园都被同样高度的建筑物所覆盖。

出现了汽车的城市已经变成了喧嚣嘈杂、单调乏味的荒漠，到处充斥着石头和沥青。自然环境被完全毁坏，为人们所遗忘。

建筑物的一个立面朝向道路，另一面则朝向庭院。结果形成了"建筑街区"的孤岛和"道路走廊"

同比例尺下的三个城市：

| 巴黎 | 纽约 | 布宜诺斯艾利斯 |

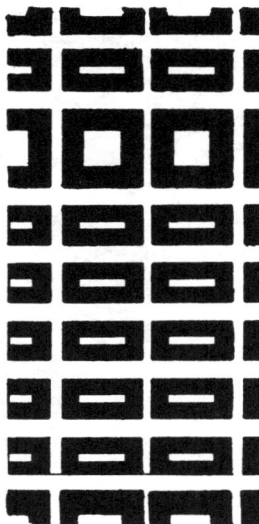

郊区、花园城市和
触须状的大城市

关于逃离的梦想深深铭刻于每个人的心中：逃离喧闹的城市，倚靠着大树，放眼展望哪怕是一小片蓝天。千百个小住宅体现了人们这一绝望的梦想：即使不能完全行动自由，至少也是自己行动的主人。

一位部长曾经说过："坐落于自然环境中的每处住宅的门前，将有地铁、公共汽车和小汽车通过。"

这个在英国和美国被称为"田园城市"的理论，导致了城市现象的脱节（désarticulation）。

城镇周边的乡村从此成为郊区，这一广阔的地区四处蔓延，缺乏规划，在工作区和居住区之间也没有建立起可靠的联系。

郊区成为大型城镇向外扩张形成的浮垢（scum）。19～20 世纪期间，随着不计其数的人口如洪水般涌入郊区，这一浮垢通常以十倍甚至百倍于中心城镇的增长速度扩张。

田园城市及其郊区地带之间
城市现象的脱节

为了克服郊区的这些严重问题，人们找到了一个带有欺骗性的逃避借口：被称为"卫星城"的城镇。

于是出现了交通困境：工作场所给现状道路网络带来混乱而壮观的交通拥堵场面，而这一突如其来的冲击却是原有道路规划无法应对的。

就居民来说，每天，郊区和卫星城意味着在地铁和公共汽车上消耗大量时光，不利于一切家庭和集体生活。而这些浪费在交通上的时间，仍然无法与国家所投入的资源代价相提并论。坐落于郊区和花园城市中的数百万的小型住宅，需要大量的设备装置、极其复杂的道路网络、可控的铁路系统，以及水、气、电等各类公共服务设施。我们每个人每天都为此贡献出 3~4 个小时的工作时间——而这实际上显然是毫无效果的。

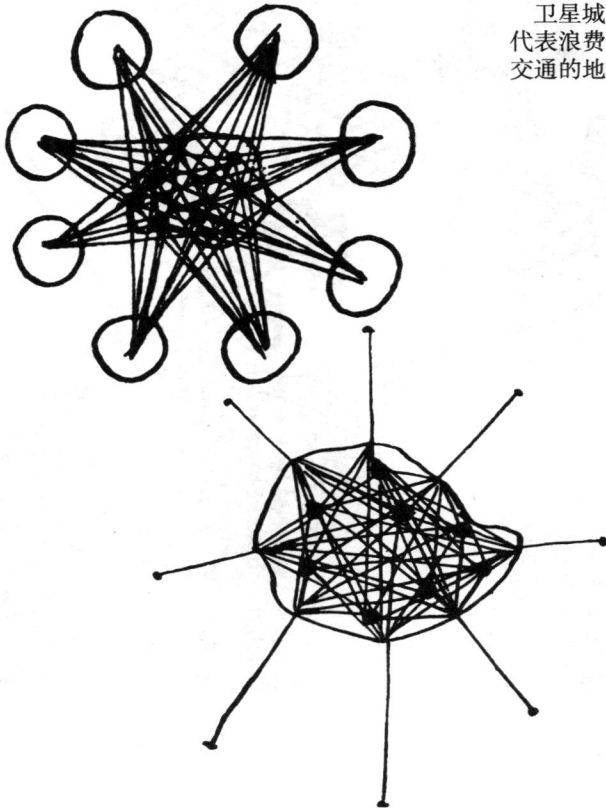

卫星城：
代表浪费和
交通的地狱

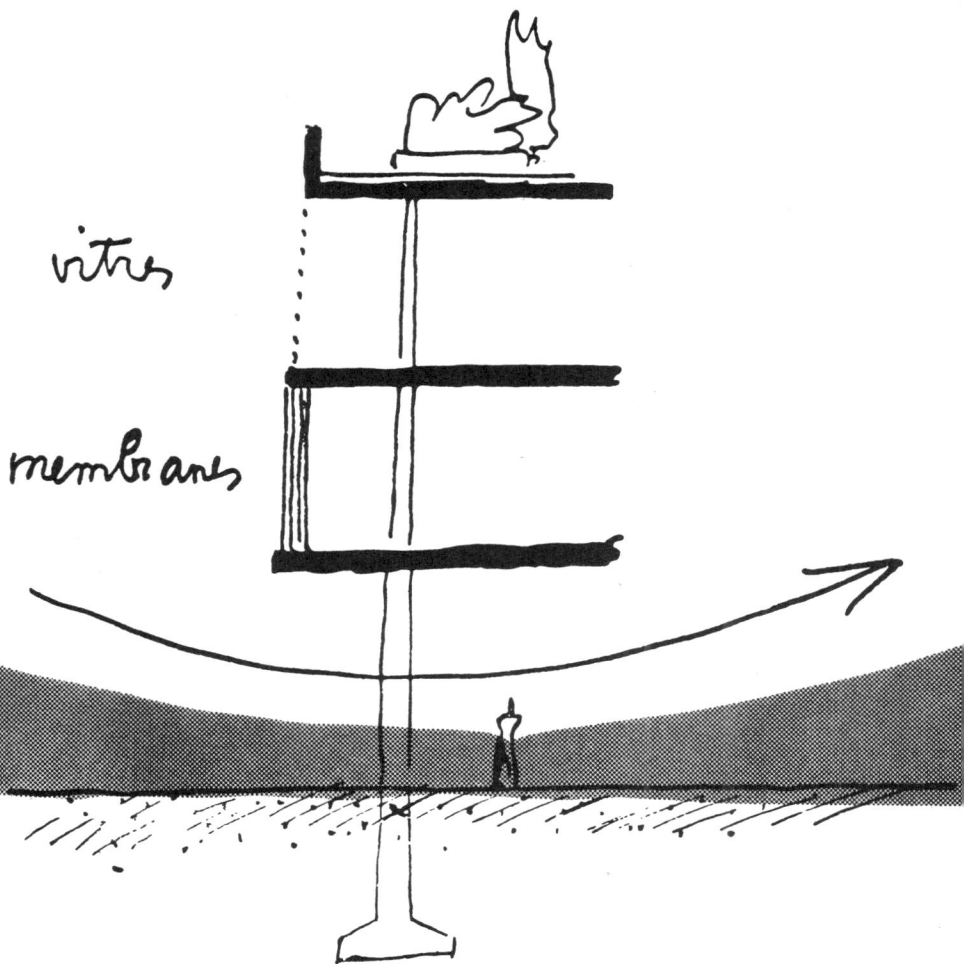

vitre／玻璃∥membrane／薄膜

建筑革命和现代城市主义

为了击溃这种恐慌，需要创造一种秩序，使人们共同聚集，相互帮助和保护自己，并使他们的努力更富成效。伴随玻璃、钢和混凝土的引入，建筑革命的到来为人们带来了解决方案。传统厚重的基础、开启窗洞数目有限的承重立面、被完全覆盖的地面、只能让小猫和鸟儿驻足的屋顶，以及必须重复一致的楼层——这些都被一种新技术体系下的各种创新所取代：局部性的基础、承重立面和墙体的消失、可以利用整个立面采光、在细长的支柱间获得可自由利用的地面空间、屋顶形成一个新的楼层平面当代的创举，为居住者带来更多的效益。

房屋不再由墙体支撑，而是依赖于细长的支柱"桩基"。

首层地平距离地面 3 米、5 米或 7 米，从而使地面空间得到全面解放（桩基所覆盖的空间小于总面积的 1/500）。

出现了完全的自由：独立结构、自由立面、房屋底层释放出的自由空间、可以抵御严寒酷暑的屋顶花园

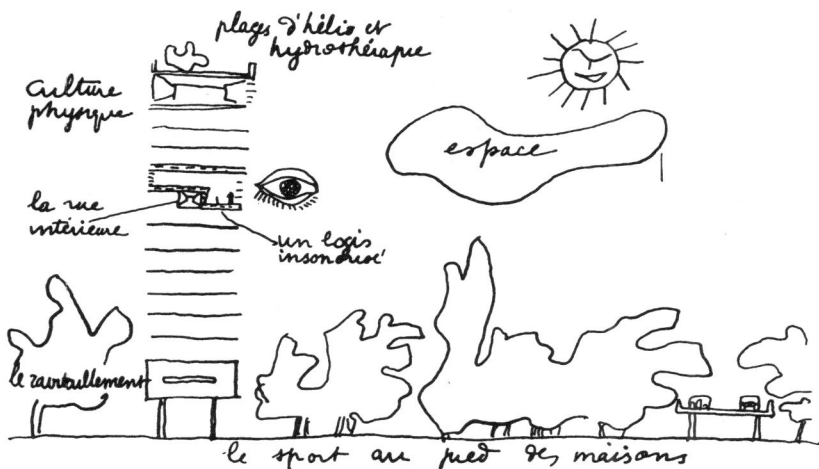

plages d'hélio et hydrotherapie／日光水疗沙滩∥culture physique／健身文化中心∥la rue intérieure／内部道路∥un logis insonorisé／隔声住宅∥espace／空间∥le ravitaillement／后勤补给∥le sport au pied des maisons／住房脚下的运动设施

　　垂直组合的住宅楼确保了高密度的居住，仅占用很小部分的地面空间。这些"适宜尺度的居住单元"约50米高，相互间隔150米、200米或300米布置，从而可以享受阳光和绿色公园。

　　一个居住单元通常占地4公顷（10英亩），可以容纳1600~2000人居住。而若要在一个水平展开的花园城市中容纳同样数量的居民，将需要建设320~400户的私人住宅，占用16~20公顷（40~50英亩）的用地面积。前者的居住密度为400人/公顷，而后者为50人/公顷。

　　一座拥有12000个居民并由上述居住单元组成的"光辉城市"（radiant city），仅仅需要占据25公顷（60英亩）的土地面积。而同样情况下，田园城市需要120公顷（300英亩）的用地，是前者占地面积的5倍之多。

　　一种新的建筑生态形式出现了。实现愉快、有益和舒适的生活所必需的结构和功能，在这种新的居住形式里得到了体现。建筑物坐落于公园中，公园内有各种体育场所、托儿所、幼儿园、小学和俱乐部。它将有助于形成多种多样的集体组织形式，为居民创造有益而不可或缺的和谐生活。

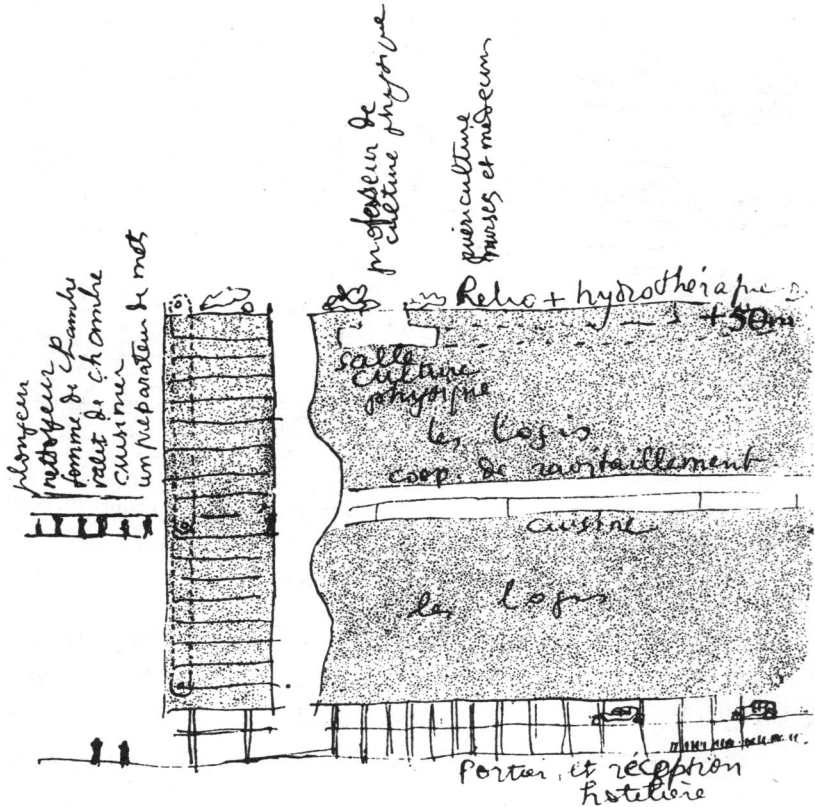

plongeur／洗碗工 // nettoyeur／清洁工 // femme de chambre／女仆 // valet de chambre／跟班 // cuisinier／厨师 // un préparateur de mets／备餐员 // professeur de culture physique／健身文化教师 // puériculture／婴儿看护 // nurses et médecin／护士和医生 // hélio + hydrothérapie／日光＋水疗 // salle de culture physique／健身中心 // les logis／住宅 // coop. de ravitaillement／食品供应处 // cuisine／厨房 // portier et réception hotelière／酒店前台 // A la coupe en travers／A横剖面图 // B la coupe en long／B纵剖面图

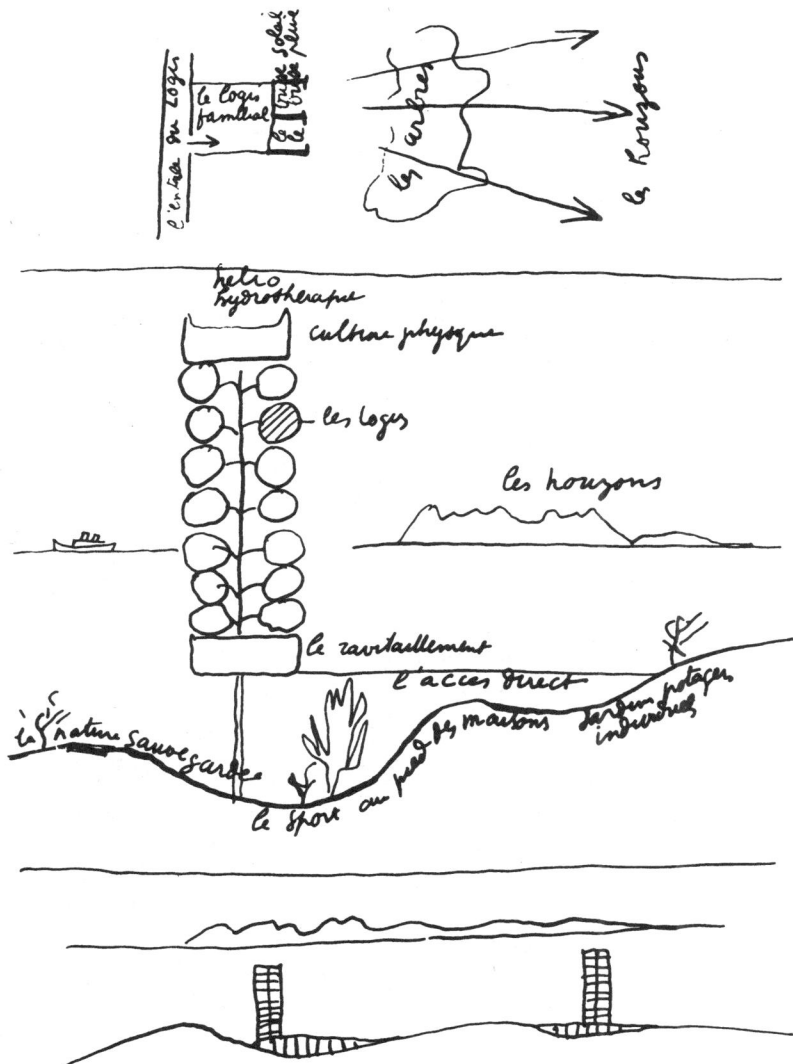

l'entrée du logis／住宅入口／／le logis familial／家庭住宅／／le brise soleil／遮阳／／le brise pluie／挡雨／／les arbres／树木／／les horizons／视野／／hélio + hydrothérapie／日光＋水疗／／culture physique／健身文化中心／／les logis／住宅／／les horizons／视野／／le ravitaillement／补给／／l' acces direct／直接接入／／la nature sauvegarde／受保护的大自然／／le sport au pied des maisons／住房脚下的运动设施／／jardinets potagers individuels／私家菜园

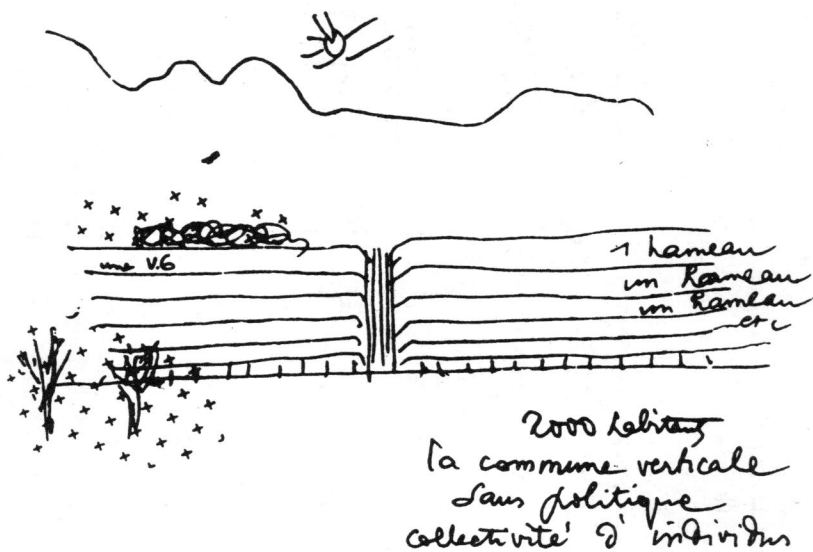

2000 habitants／2000 个居民∥La commune verticale／共用竖向交通∥Sans politique／没有政治界限∥collectivité d'individus／个人组成的团体

城镇的荒漠

被放逐的让人梦想
破灭的田园城市

绿色城市
阳光
绿色空间

Ⓑ

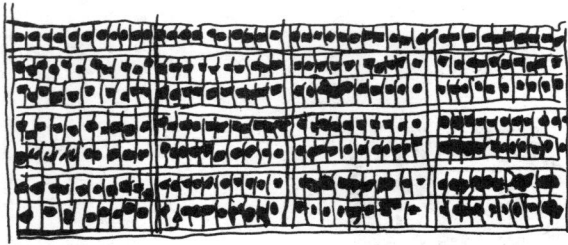

ici：1400 habitants en maisons familials = 5habitants × 280maisons /这里：家庭住宅中有 1400 个居民 = 5 个居民 ×280 户住宅 // Total 3 kilometres 1/2 /总计：3.5 公里 // voilà le drame！/ 戏剧性的结果！// De rues 3 1/2km /街道：3.5 公里 // De gaz 3 1/2km /燃气：3.5 公里 // D'eau 3 1/2km /饮用水：3.5 公里 // D'égouts etc 3 1/2km /污水：3.5 公里

Ⓐ

passerelle de 1m 83 de large × 50m de long /桥 1.83 米宽 ×50 米长 // 150 mètre de route d'autos（5m de large）/150 米（5 米宽）的机动车道路 // Étang /水塘 // Ici：1400 habitants unité d'habitation de Nantes-Rezé /这里：在 Nantes-Rezé 的居住单元中有 1400 个居民 // total：une route d'autos 150 mêtre /总计：150 米的机动车道路 // pietons：une passerelle de 1m 83 ×50m/ 行人：1.83 米 ×50 米的天桥 // une seule porte /一个入口 // Ⓑ et Ⓐ sont de même echelle！！！/ Ⓑ和Ⓐ拥有同样的规模！！！

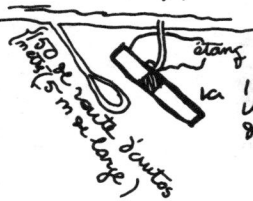

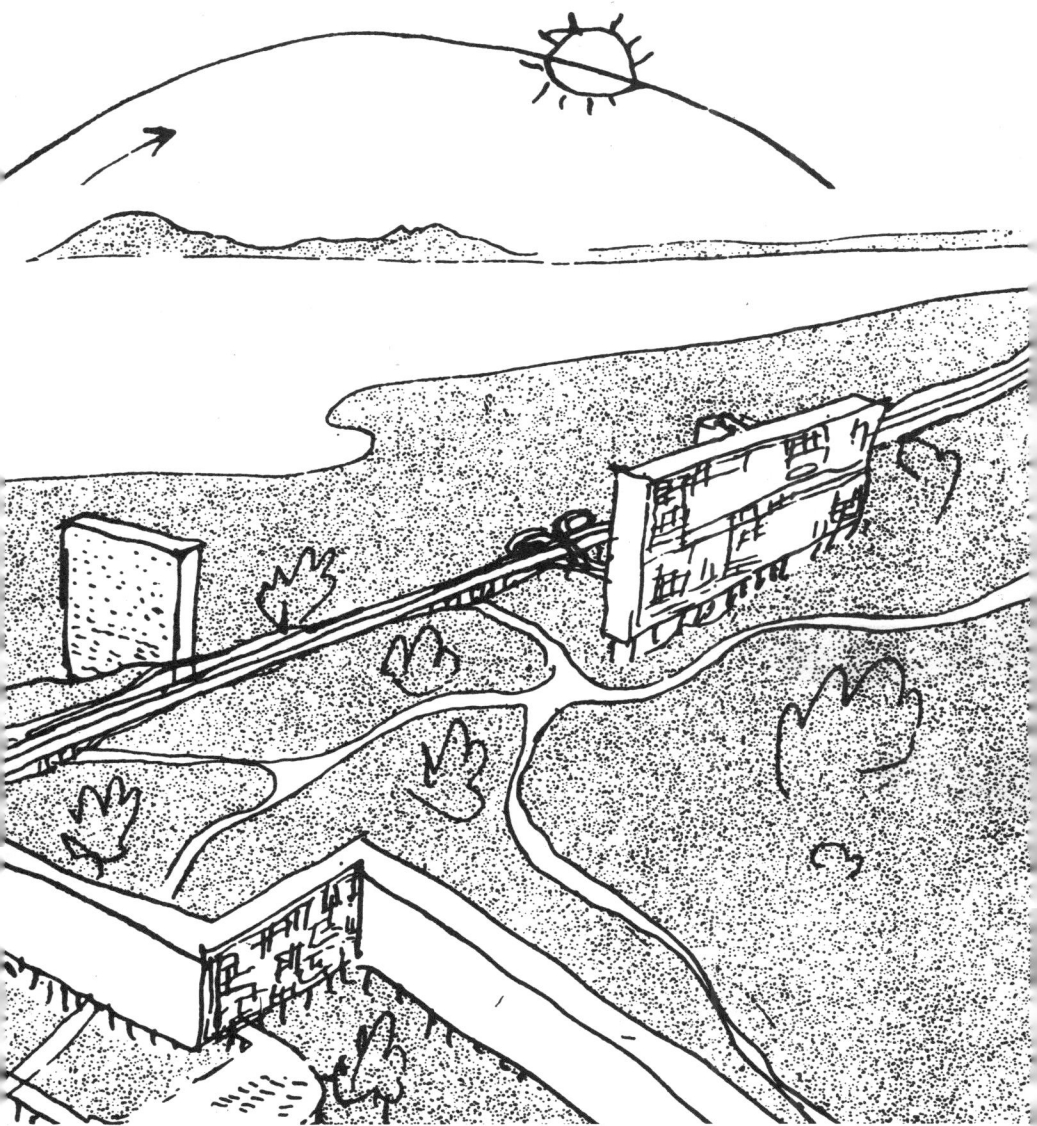

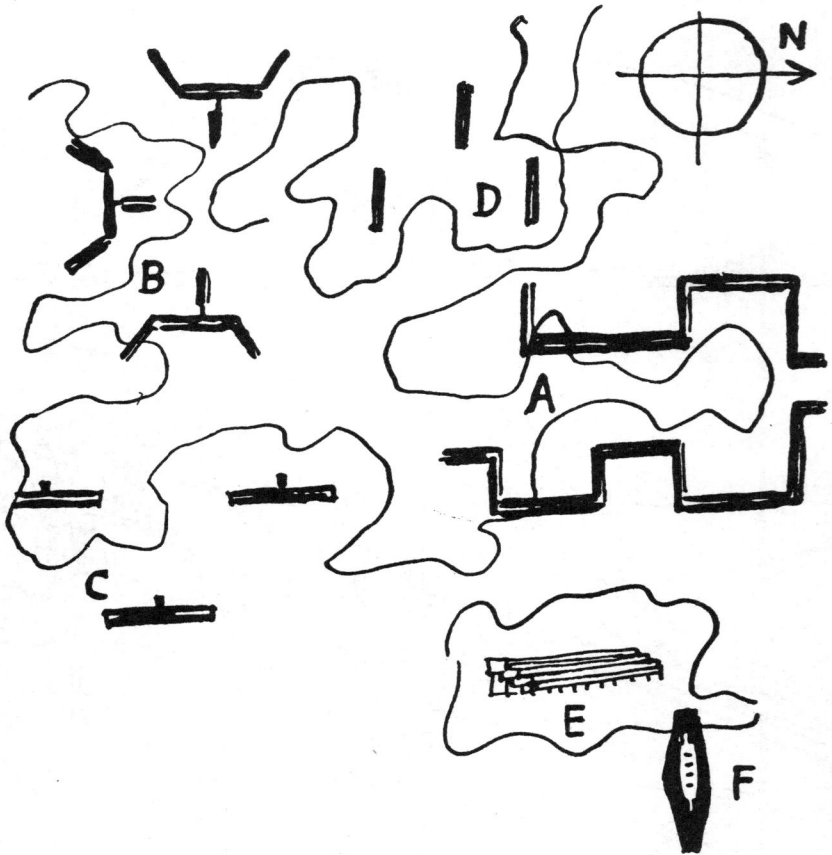

从今以后，事物将重新回到人的尺度。大自然被再次纳入关注的范畴。城镇不再是一堆毫无情感的石头，而成为一个巨大的花园，规划师将在其中布置规模适宜和真正"竖向展开"的社区居住单元。

绿色城市中的人工构筑物，可以呈现出多种不同的布局形态。例如对于居住建筑而言，包括有：（A）交错形；（B）"Y"字形；（C）直线形；（D）脊柱形；（E）阶梯形。而对于商业建筑而言，可以有：（B）"Y"字形；（F）扁豆形

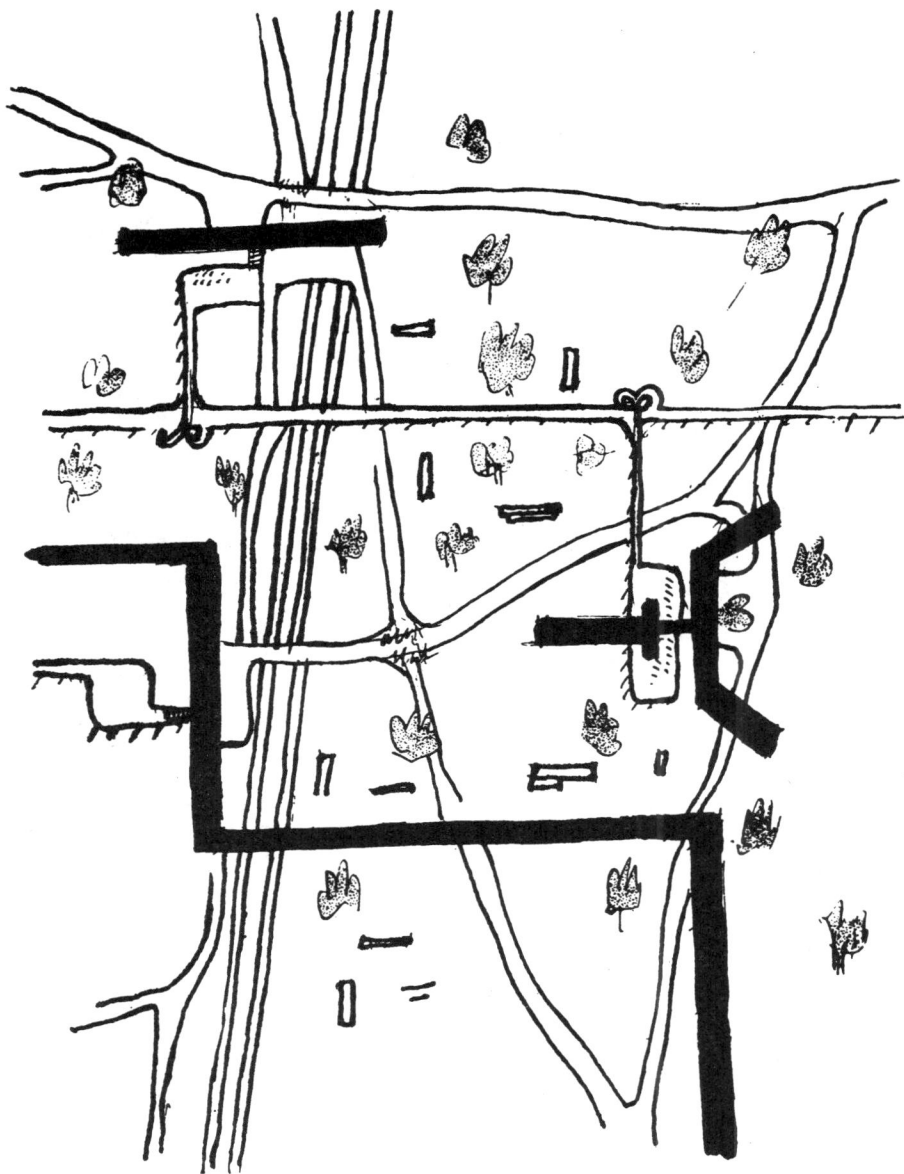

　　这些新的"人工构筑物"改变了城镇形态和人们的生活状态。
　　建筑物的布局形式需要根据场地进行选择。居住建筑本身就可以创造出壮丽的建筑形式

  自此，城镇的建设没有了屏障。这些宏伟的建筑物与地面相脱离，一种革命性的、现代化的剖面形式将建筑和地面通过自由空间相联系：一条空阔的通道，使得房屋底层洒满阳光而倍显明亮。钢筋混凝土圆柱成为"底层架空柱"

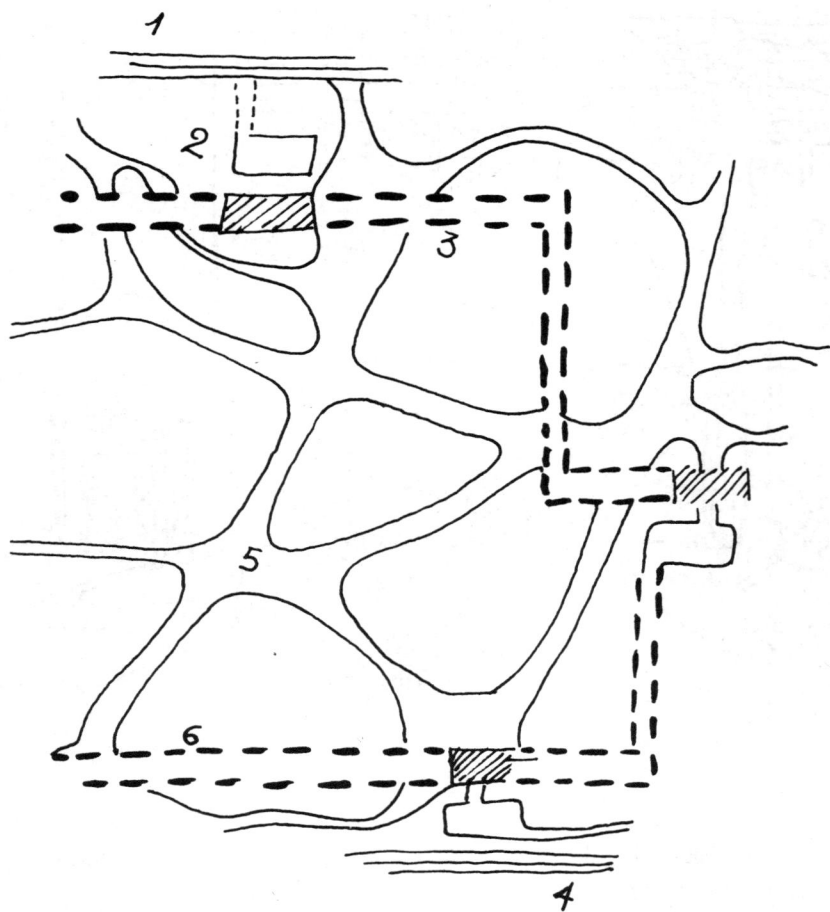

房屋下面形成自由的地面空间，整个步行网络得以毫无阻碍地展开

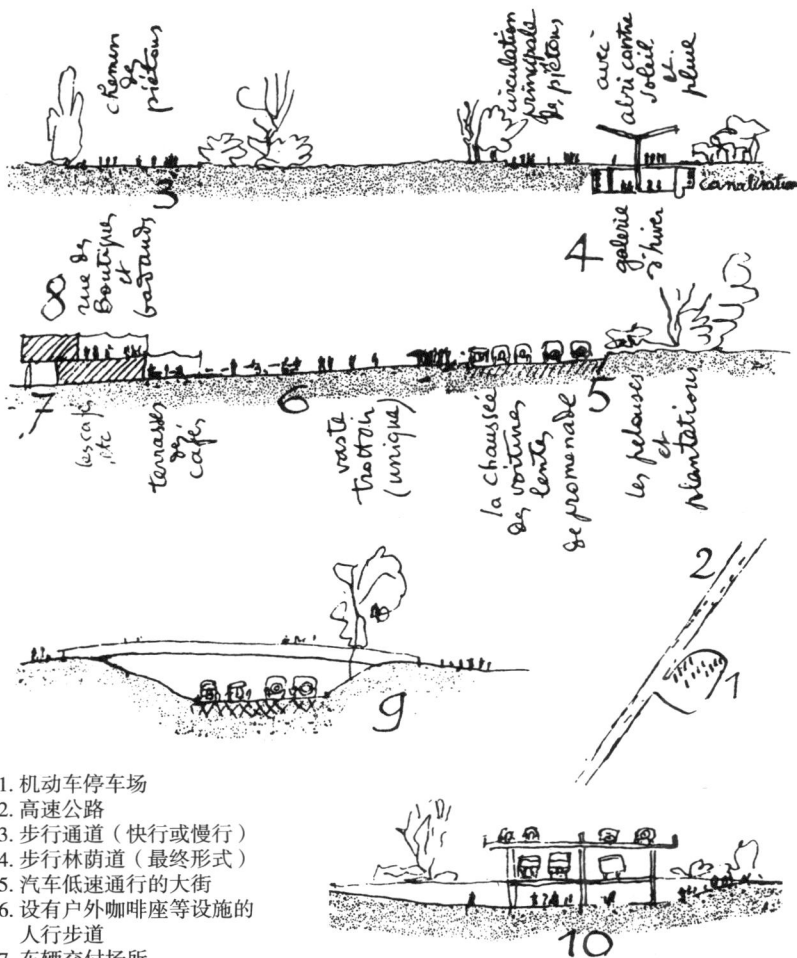

chemin de piétons

circulation principale les piétons

avec abri contre soleil et pluie

Canalisation

galerie d'hiver

rue de Boutiques et d'artisans

les cafés etc

terrasses de cafés

vaste trottoir (unique)

la chaussée de voitures lentes se promenade

les pelouses et plantations

1. 机动车停车场
2. 高速公路
3. 步行通道（快行或慢行）
4. 步行林荫道（最终形式）
5. 汽车低速通行的大街
6. 设有户外咖啡座等设施的
   人行步道
7. 车辆交付场所
8. 沿街设有特色工艺商店的高架式街道
9. 路堑式快速机动车道
10. 高架式快速机动车道

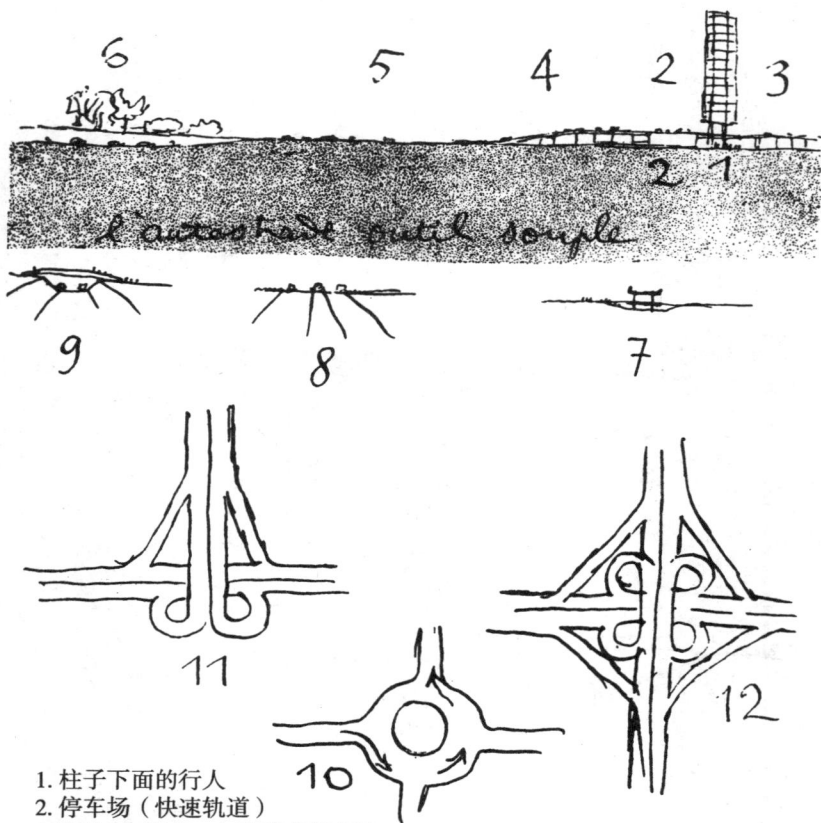

l'autostrade outil souple

1. 柱子下面的行人
2. 停车场（快速轨道）
3. 距地面5米高，与高速公路相连
4. 高架式的高速公路
5. 高速公路再次和天然地面相接
6. 路堑式高速公路（图示7、8、9三种剖面）
10. 简单环岛模式的交叉路口
11. 与主要道路横向连接的交叉路口
12. 四向苜蓿叶状交叉路口
　　绿色城镇的道路系统按照分级设置。近100%的地面空间都让给了行人

l'autostrade outil souple／灵活设置的公路

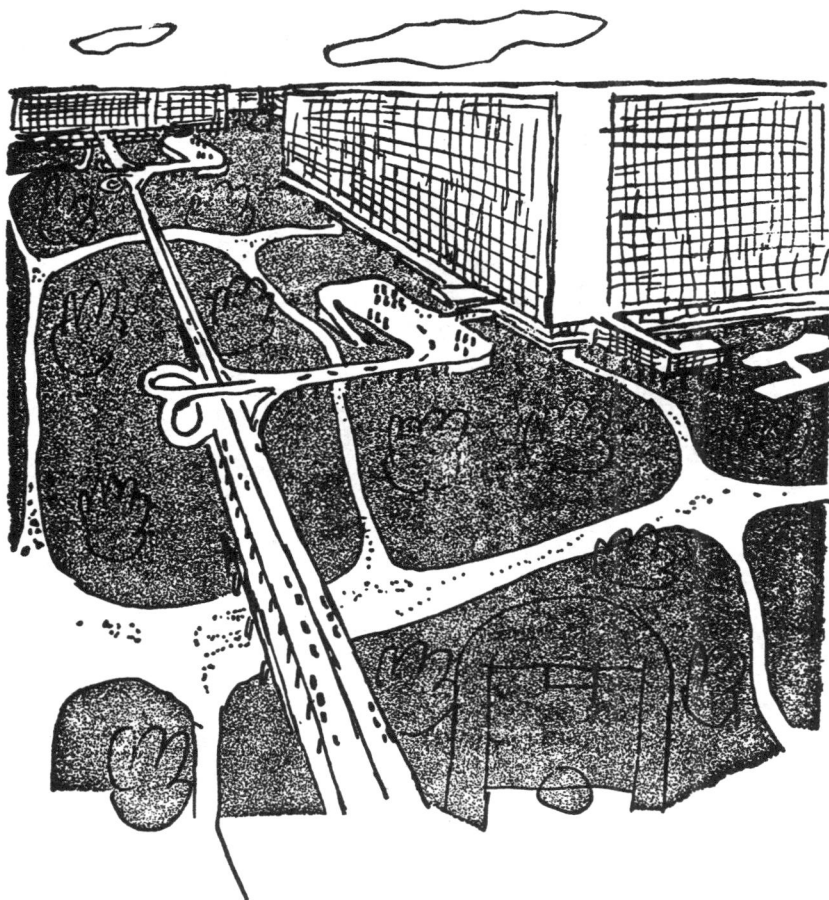

不可能已成为可能：实现步行系统与机动车道的分离

阳光、空间、绿地。

城镇中的建筑物掩映在丛林中。

大自然被写进了租约。建筑和大自然签署了协定。

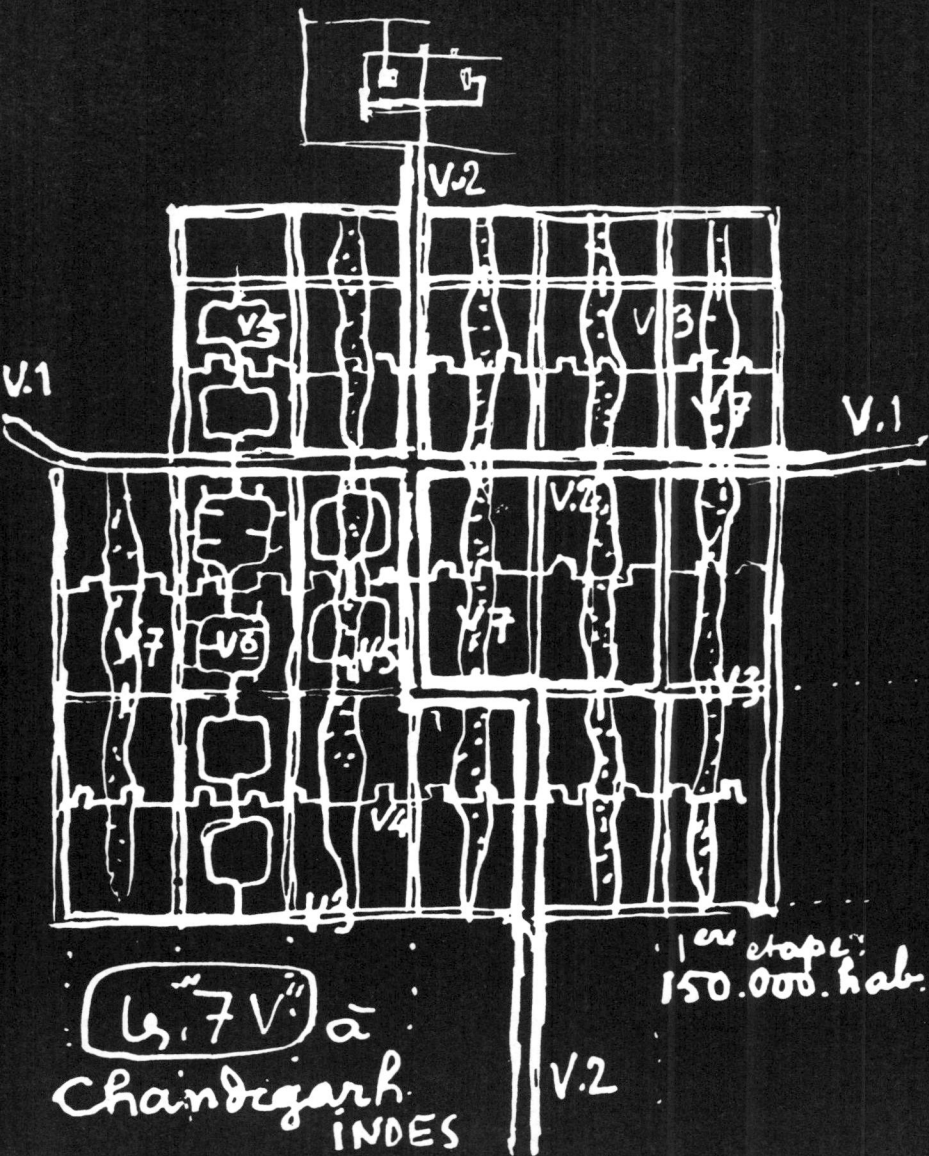

les "7V" à Chandigarh INDES／印度昌迪加尔的 "7V 原则" ∥ 1 ère étape／第一阶段 ∥
150,000 hab／150000 个居民

交通规则和地面的利用

今天，一项关于交通的规则出现了，并得以应用。根据联合国教科文组织（UNESCO）的要求在 1948 年确立的"7V 原则"，形成了类似人体循环和呼吸系统的现代交通层级管理规则：

规则 1：洲际、跨国或跨省域的通道。

规则 2：市级建制，对聚居区重要的主干道类型。

规则 3：专为机动车交通保留的通道，没有步行道，不与任何住宅或其他建筑物的大门相连。每间隔 400 米必须设置交通信号灯，从而保障机动车能拥有较快的通行速度。由此，创造了"分区"这一现代城镇规划中的特殊内容。

规则 4：分区中的商业街。

规则 5：深入分区内部的道路，使机动车和行人能借助规则 6 到达住宅门口。

规则 7：贯穿于绿带中的道路，绿带中设有学校和体育场所。

规则 8：因而产生自行车分流（因为四轮的机动车与两轮的自行车实际上不能一起通行）。

这 7 项规则* 在印度旁遮普邦的新首府昌迪加尔市得到了全面应用，并自 1951 年开始建设。

分区作为规则 3 的应用和西班牙广场（源于古罗马）现代模式结合的产物，而后者被西班牙征服者沿用于美国城镇的布局中。

分区实际代表了现代城镇布局的第一阶段。它可以容纳 5000 ~ 20000 个居民。目的仅在为居住服务，但同时也拥有内部的商业街，里面分布着工艺作坊、商店、日常娱乐设施，以及与批发市场（控制商品价格和质量的商品集散地）相联系的分区级市场（根据规则 4）。

规则 4 跨越分区的范围，可以与邻近分区的规则 4 相连接，形成连续的商业街道。

规则 7 垂直于规则 4 贯穿各分区中，沿路布置着学校、体育场所等（为年轻人）。

---

* 实际上有 8 条原则。——译者注

　　7 项规则的层级格局形成了"绿色城市"形态下集中式的居住功能体，确保了儿童玩耍和休憩的全面安全，而不会受到机动车的打扰。

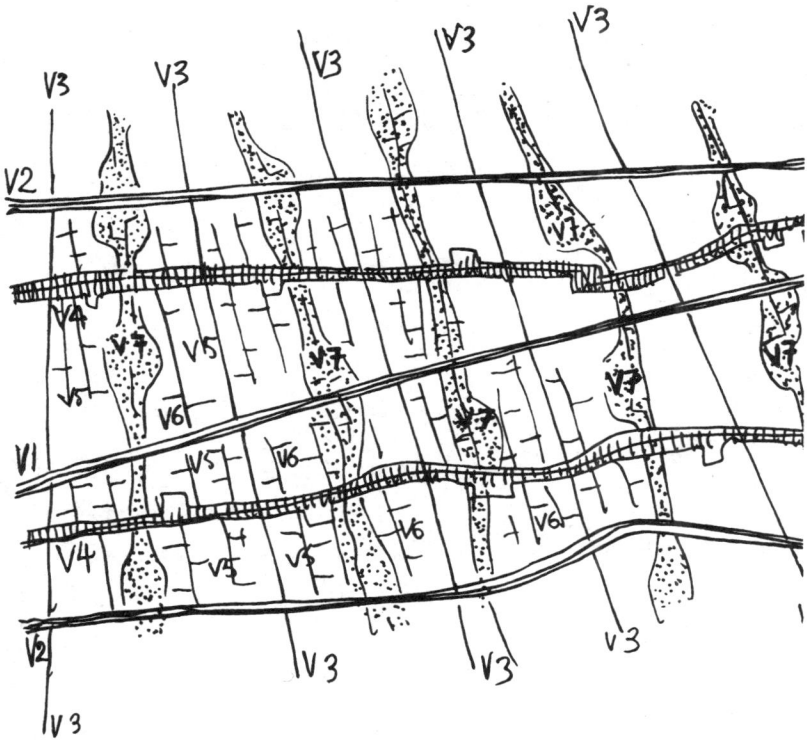

7 项规则的区域应用图

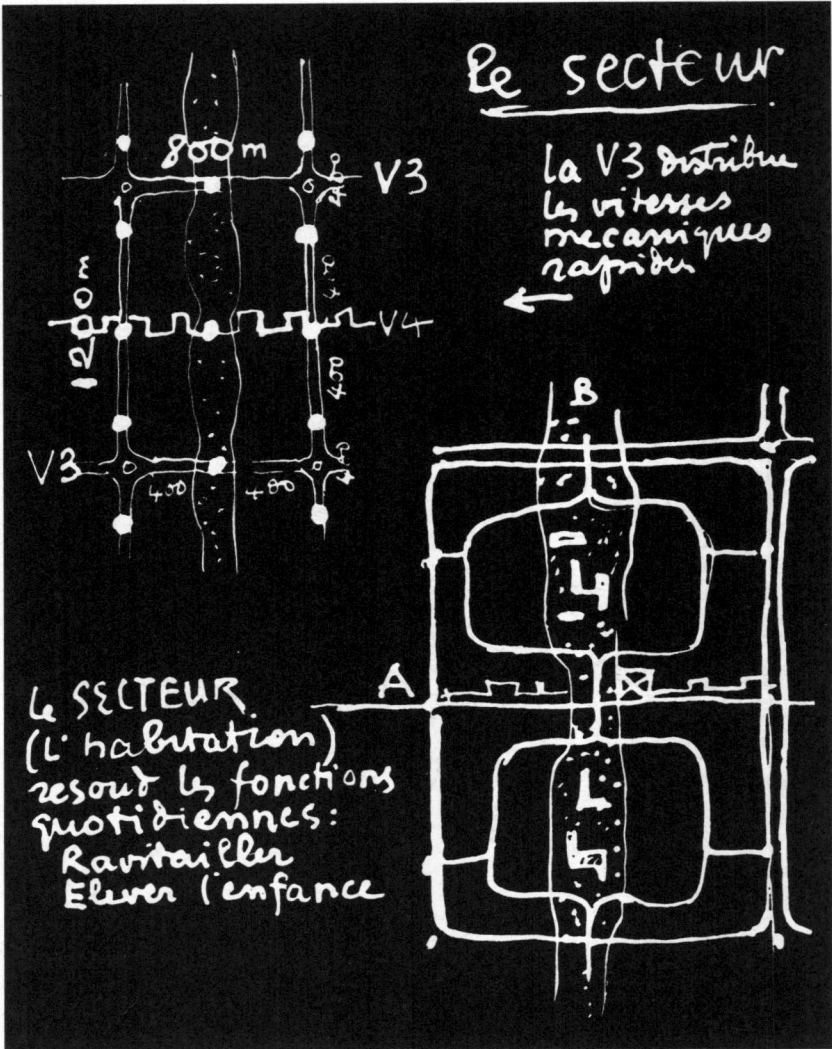

le secteur／分区 ∥ la v3 distribue les vitesse mécaniques ragrides／V3 规则面向快速的机动车交通 ∥ le secteur（l'habitation）resoud les fonctions quotidiennes：Ravitailler，Elever l'enfance／（居住）分区解决了日常功能：食物供应和儿童养育

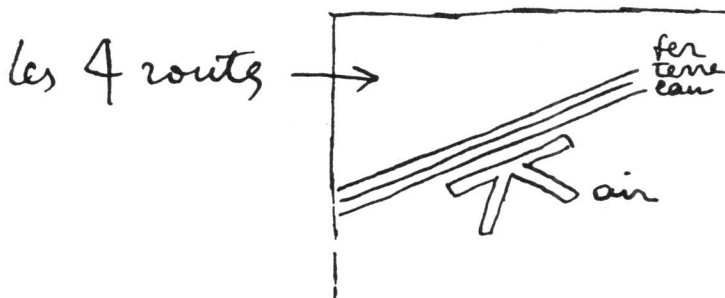

les 4 route/4 种通道//fer/铁路//terre/陆路//eau/水路//air/航空

现代交通系统提出了地域的合理使用，同时考虑以下三种自然通道的限制：陆路、铁路和水路，以及空中通道作为第四种特殊形式，这些或者破坏或者确认了以前的道路格局。

沿着这些通道，三种聚居区依据各自不同的属性、功能、配套和形式严格而精确地分布着。

1. 复兴的乡村聚居区。乡村的村庄（位于 U）通过合作中心（S）、体育和青少年中心（N）以及互补性工业（R）的建设而获得复兴。

2. 工业聚居区（实现原材料的转化）。沿货运通道分布，并延伸到绿地中，配套的居住城市紧随其后布置。

3. 城市聚居区。选址于那些有历史痕迹的地方（包括思想、行政和贸易活动）。

作为一座"绿色城市"的城市聚居区，在市民活动中心区的内部将拥有大小不一的各种居住单元，分别可容纳 10 万、20 万、50 万、100 万或 200 万居民。这类城镇向田野的扩张将在某处突然中止，而不存在城乡交接的边缘地带。

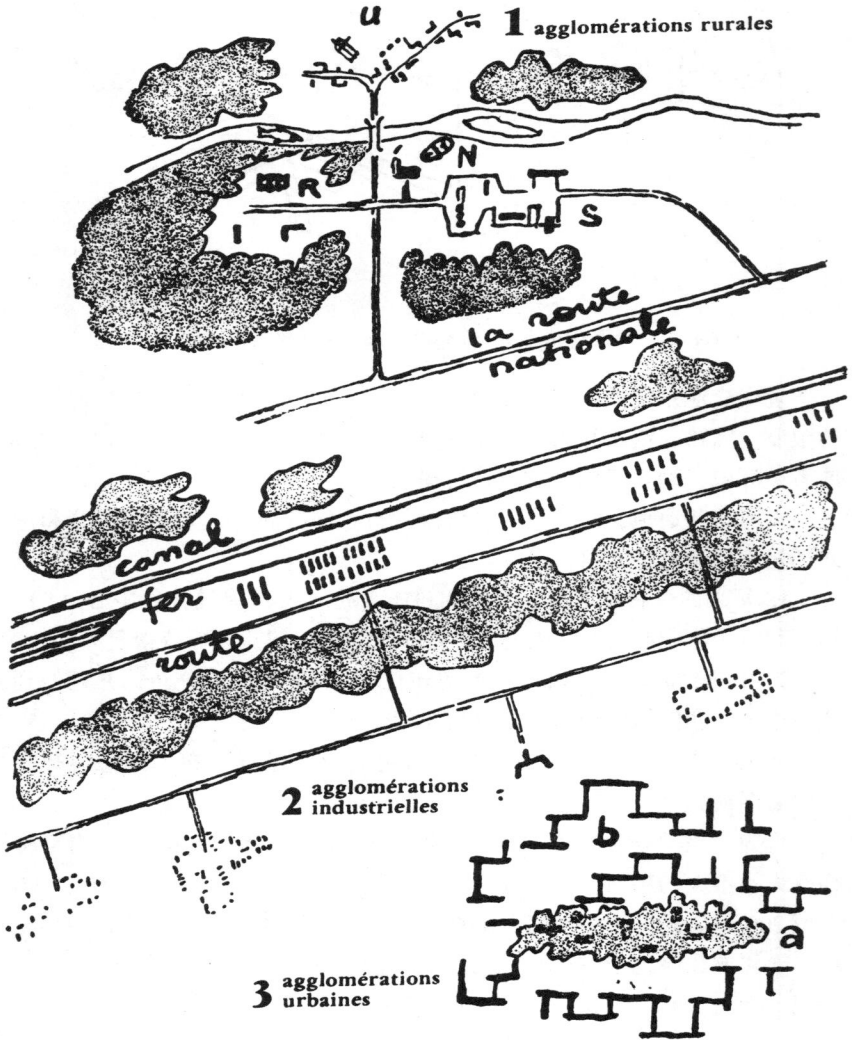

1   agglomérations rurales /1. 乡村聚居区 // 2   agglomérations industrielles /2. 工业聚居区 //
3   agglomérations urbaines /3. 城市聚居区 // la route nationale/国道 // canal/水渠 // fer/铁路 //
route/道路

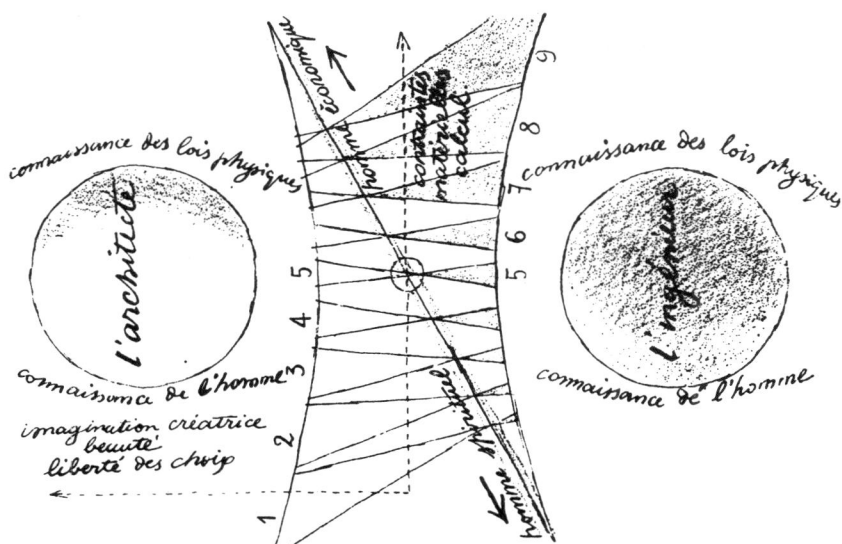

connaissance des lois physiques／自然科学知识∥l'architecte／建筑师∥connaissance de l'homme／人类知识∥imagination cricitrice／创造性的想象∥beauté／美丽∥liberté des choip／选择的自由∥homme spiritual／精神人∥home économique／经济人∥contraintes matérielles calcul／物质约束的计算∥connaissance des lois physiques／自然科学知识∥l'ingénieur／工程师∥connaissance de l'homme／人类知识

    勒·柯布西耶 1942 年在巴黎创建并领导的"Ascoral"（倡导建筑复兴的建筑师团体），旨在解决建设地段及其扩展地区的建设、使用以及交通联系等问题。基于当时的社会背景，Ascoral 的存在带有几分秘密的色彩。它包括有 11 个工作领域，每两周聚会一次。1943 年，一本名为《人类三大聚居地规划》（Les trois Établissements humains）的小册子在书店出现，向人们揭示出这项工作的主要成果。

第 2 章
工作中的一个道德伦理

随着100多年前机器被引入人类生活以后，现代社会进入了一种既非田园牧歌又非刀光剑影式的文明，而是一种致力于工作的文明。工作占据了整个社会系统，没人可以逃脱这一命运。有人宣称"这是令人憎恶的祸害！"那么有必要对此进行答复。"愉快的工作文明给人人带来有用的财产。"要企图逃避它是无济于事的：最好将工作视为我们生活中的重要组成部分，我们将每天最美好的时光奉献给它，而这将贯穿于生命中从15岁到55岁这段最为成熟和富有力量的重要岁月。在唯机械论的头100年的痛苦经历中，有时劳动如此厉害地败坏了良知和场所，以至于它和一切与之相伴的东西均被认为是一种磨练：劳动惩罚、劳动赎罪、劳动残酷。追求其原因，Ascoral认识到，在建筑设计和城镇规划中，传播人类行为的秩序观念和创造激情的物质手段都笼罩在工作的头衔之下。工作，是永恒的行动，贯穿于人们生活的每一天和整个生命历程。

道德状况

本章由Hyacinthe Dubreuil起草，他是经济学家和社会学家，之前曾做过工人和一家汽车厂的领班。

乍看起来，严格意义上的工作组织和建筑设计之间似乎难有任何联系。但其实在它们之间却有着惊人的相似。建筑旨在通过对材料的选择和安排，创造一个兼具效用与和谐的整体。同样，工作组织通过选择人群并将其置于不同的工作岗位，从而也实现他们之间关系的和谐与平衡。因此，社会组织是一种理想的建筑，这一建筑的整体组合给人们以如此强烈的震撼，大家欣然地用最抽象的概念将其表述为"社会性建筑"。

更进一步的是这两种活动的同时结合，一种关注于了解一个人将如何行动，另一种则致力于创造生活的场所。考虑到场所作为"环境"的组成要素，我们就能理解人文环境是如何体现为物质环境的补充。柯布西耶在对于创造最佳人居环境的探索中，这样写道：

"Ascoral所使用的测量工具是用于评测生活中的幸福和快乐。需要组织一切力量，使得工作不仅不是一种惩罚，而恰恰相反应成为一种职业，在绝大部分情况下能够激发起那些献身于其中的人们的兴趣。"

上面提到应对所有的进行"组织"，这一表述也许很难想像出自一名艺术家的笔下。正如大家所知，希望常常对任何事物进行组织的是经济学家。系统性的思维通常致力于为我们探究物质必需品的获取方式，但与此同时却忘记了生活中的一个特殊要素，一个艺术家凭本能和直觉所要求的要素。正是因为艺术家的这份"天真"，在实践中，他们才敢于追求"幸福"。

正确的是艺术家如果再发现和重新梳理薄鲁东（proudhomme）谈及工作"兴趣"的哲理，他也会重复表达一个有关人类生存方向的重要教导：要知道"人不只是靠面包而活着的。"

幸福通常被视为一种模糊的概念，但是我们仍然可以通过探究十分简单的生活现象而实现对其含义的逼近。

最初始的生物是按自己的标准寻求幸福的。

他首要希望的是生存。用哲学家的语言表达就是"坚持他的存在"。很自然地，首先他需要通过进食和消化以维持自身的物质存在。在进食之前，先要获得食物，而为了获得，就必须接近食物。上述思维趋势，就是思想与行动相关联的最初形式。这体现为思想的首次迸发。

如果这个渴望生存的人缺乏进食，他将体验到一种特殊的痛苦：饥饿。但请注意，思维的习性是要尽快创造新的需要，即心智活动，即使它是初级的。当一个人的胃感受到消化的需求时，他的智力就将体验到需要发挥作用的渴望。当一个人，或者更精确地说是一个工人，在活动中没有实现智力与其行动的有效联系时，那么智力就将感到"饥饿"。

智力的饥饿，这一概念可能显得奇怪。如果说我们从未使用它，那是因为它还有另一个名称："厌烦"。

上述另一种形式的饥饿，可能经济学家并不知道，但无疑它为现代工人所熟知，并且在我们的社会问题中扮演着十分重要的角色。事实上，通常是工人缺乏需要，不过同时而且首要的是他感到厌烦了。工作的世界：情况就是这样，即"人们厌烦"的真实世界，而且无疑的你必须在这种糟糕的现代工业环境里工作，当人们在焦急等待他们可以逃离工作现场的时刻时就能充分体会时钟指针转动的缓慢。

对于那些埋头苦干于工作为的只是免除痛苦的人们，为什么始终没有从这一景象中获得启发呢？几乎所有的人都犯了同一个可怕的错误：正如他们所说："因为工人发现他的工作太'漫长'，因此我们将帮助他缩短工作。"由此，触发了工人相互团结，为减少工作时间而进行长期而系统的斗争。当一个人不再咒骂时钟的缓慢，就被视为找到了快乐，也就是说，他远离了工作和车间的门槛，而这一门槛自身就成为快乐的边界。

如果我们没有认识到这一点，就可能会将快乐的概念和行动相分离。工作，难道不是真实的行动么？人们不是注定要行动的么？人们能在其中完全实现自身价值的真实行动，将会存在于休闲和憩息里吗？而休闲和憩息通常是在一天结束和疲劳时刻里紧跟工作之后到来的。

我们知道，对"休闲"和"休闲利用"的关注，在一些人心目中考虑良多，这些人认为，他们就此将显示出他所关注的社会问题的广泛性和重要性。但实际上，他们将自身置于一种突出的矛盾之中，把快乐和自我实现的时间置于自然进程之外。

人类注定要行动。想像要过上隐士般整日沉思的生活，只有当其他人专门为此工作才能确保这种不行动的状态成为可能……肌肉、大脑和感觉的存在，就是为了发挥作用而不是无所事事。但这还不是全部：它们的存在是为了与整个自然——尤其和作为所有生命重要调节器的太阳——相互协调。人们生来就是要在自然光明中行动，同时他们的休息也应该与自然规律相一致，即日落而息。

通常情况下，我们对工人说："是的，我可怜的朋友，被迫工作是十分难过的事。但这是无法逃避的苦差事。我们将尽全部可能将痛苦减到最少，并在其结束后，培养你的智能，让你成为一个卓越的人。"

工人们掌握文化，只有依赖学者的示范，我们大多数社会学家对平民教育的这一梦想就是要把我们所有的人改变成学者。他们希望将整个世界按照自己的形象进行塑造。由此，正如我们所知，许多父亲都无法为他们的孩子想像出更为美好的生活，而只能让他们完全延续自己的路径。

除此之外，在绝大部分有教养的或受过良好教育的人们的观念中，还普遍存在另一个错误，即将指导（instruction）和教育（education）相混淆。实际上，如果可以在工作之外获得指导，严格说来，特别是通过那些"有教养的人"十分熟悉的课程讲授或阅读的方式，那么对于教育而言，就意味着只有融入所有对健康生活和行动的文化测试中，才能全面获得智慧。

但是，这已经足够让我们思考太阳的进程，从而理解我们的生活与这一伟大的循环不可分离。古人们似乎很好地领会了这一点，他们在帕提农神庙的山墙装饰上，描绘了一个关于生活的美丽寓言。在山墙左侧，太阳神赫利俄斯驾驶战车跃于万丈波涛之上；在山墙大面积的空白地方，绘制着关于智慧女神雅典娜非凡的诞生传说——雅典娜全副武装地从主神朱庇特的大脑中跳出。在山墙右侧，象征一天之末，太阳战车没入大海之中，波涛淹至战马的鼻孔。一匹令人惊叹的战马的头部似乎即将钻入山墙之下，其极端的角度运用手法超凡地表达出太阳降落并正被黑夜吞没的意向。

显然，这显示出现实生活的局限。这就是为什么社会计划的实施不可能超出太阳的限制，或者说超越行动的时间。正是在行动中，我们必须去寻求自我实现和自由。正是自由，我们将拒绝在工作之外去寻找它。并且，与普通信仰不同的是，它与现代工业的组织和结构之间并不存在不协调的问题。

物质环境

总而言之，生活需要实现各种物质的和精神的功能，它们共同组成了日月光阴的锁链。生命在流逝：不管一个人的生活或贫或富。即使是平凡小事，不知疲倦的坚持也能获得非凡成功的眷顾，而对于意外事件的好坏结局则可能让生活变得迷人或忧郁。

生活是一件可怕的日复一日的事情。伴随日出日落，它不断重复着自己的仪式。这一仪式由生命中简单、普通的行动组成。如果每天太阳都照耀着你的房子，那么它也将照亮你的心灵，其程度也许甚至超乎你的想像。国际现代建筑协会通过的《雅典宪章》[1]中提出下述声明："城市生活的物质环境是太阳、空间和绿地。"这显示出国际现代

---

[1] La Charte d'Athènes. *Réédition en 1957 les Cahiers Forces vives aux Éditions de Minuit.*

建筑协会旨在将已被人们抛弃、丢失和遗忘的"自然环境"重新引入人类生活。

伴随生活的光阴流逝，这些物质环境通过客观事物对人们身体和心灵的生理－心理反应产生密切关联的作用，给我们带来愉悦或者不安。无论是为了生活、工作、成长，让身体更为健康还是孱弱，让心灵勤于耕耘还是无所事事，似乎很自然的是，一个社会应尝试积极的冒险，同时摈弃那些可能将其拽入消极冒险中的动机。这些动机中的很大一部分都涉及建筑设计和城市规划领域：人群、事件和功能的活动场所的布置、时间的分配，引发有利或无谓行动的设施的设置。

我们在这项研究中已经接受了这一观念，即关于工作的测量将和太阳日以及生命的进程相联系。

一个包含了居住、工作和恢复的循环，每天都进行着自我的实现。

另一个循环则由经常的或间歇的事件组成，体现出更为灵活的运行节奏，其中包含了居住、工作和素质提升。

下面将对"恢复"和"素质提升"两个术语加以解释，它们被称为用于了解重要的建筑和城市规划建议的跳板。

在日常生活中，一个人的活动、思考和行为花费精力，磨损衣着，也消耗各种钱物。每天的睡眠成为一种重要的恢复活动，为我们提供休息。自然界在其物种的发展过程中，在人类与周围环境之间构建起一种亲密的相互依赖关系，从而确保了各种丰富、有利的反应活动，包括人类机体如肌肉和神经的正常运行，步行、赛跑、摔跤、格斗等运动；及恶劣或晴朗的天气或季节，如此种种施加于人类，由此，使人们始终处于一种不断进行自我调整、防御、维持、实施和恢复的状态中。

现代工作却恰恰相反，将人类逐渐引入一种久坐不动的生活状态，使人们远离了周围的自然环境，减少和严重限制了他们的肢体活动、体育锻炼、战斗意志和对环境的适应能力。一种充斥着紧张氛围的恶劣的人工环境被创造出来。人类的肢体肌肉和神经系统，不再在其中受益了，而距离自然状态越来越远。

科学的工作组织方法，都是保障生产质量和数量的必要工具，难以避免将对工人的行为和心理产生影响，有时还会对某些工人形成负面的危害。机械化模式下的重复性动作，导致他们的自主思维开始萎缩……

由此，很容易理解为什么国际现代建筑协会要精心编制这份关于城市主义的宪章宣言，并坚决认为机械化大生产的推广，导致居住、工作，以及人们体质和精神的培养这三项重要的城市功能被相互隔离，甚至改变了性质。

众多事实显示，只有周密、适宜的建筑设计和城市布局，才能为人们的健康、日常行动以及必不可少的日常恢复活动提供坚实的框架，包括清新的空气、邻近住宅的运动场地、体育设施、"健康单元"的组织，面向卫生保健、儿童养育的有益设置，以及青少年服务机构。

"素质"体现为一种朝向最优（关于最优的概念这里不予定义，而留待讨论）的趋势，能调整人们的精神和心灵，并成为生活中行为的最基本的调节工具。

今天，"素质"比以往任何时候都能为每个人提供超越自我的更多可能。它将激发深藏在人们内心深处的最美好或最恶毒的东西。不同地位群体间的隔阂与距离消失了。工作，这个宏大的领域为每个人提供了机会。但这些机会不应该受到阻碍，或因某些难以逾越的障碍而变得虚幻。我们可以通过协调安排，为所有人提供机会，而不是从他们手中夺去机会。这些努力涉及时间和空间的安排，包括保证时间的可能性，以及场所和设施的可达性。城市生活将提供这一切。关于素质，应该在日常生活中随时保障实施的可能性。

为了实现恢复和素质提升的目的，我们需要承认一些重要原则。正如前文中所提到的"自然状态"以及"获取素质提升的机会"（自然环境必须在日常生活中得到重建）。具体内容如下：

（1）不再把居住区置于城镇郊区，或是被拆毁的地段，而置于选好的绿化区，那是阳光充足，景观宜人，靠近水域、田野和森林，那里的场地适合于体育运动。

（2）在绿带中，而不是城镇或其郊区地带布置工业（这里指加工制造业，而不是矿产开采业），保证建筑拥有良好的朝向和景观，最重要的是与道路交通紧密相连（包括现有的、拟建设的或拟对接的水路、陆路和铁路交通），以便于原材料的运输。

（3）居住和工作场所，包括住宅和工厂的布局应保证相互间的关联性，使得人们（雇员和工人）的通勤出行不再依赖于机械化的交通方式；精心设置的道路确保巨大的人流以每小时 4 公里的步行速度往返于住宅与工作地点之间。

（4）科学设计的运动场所，以及住宅附近的体育设施，为工业城市的所有居民提供服务。各种娱乐设施，如电影院、会议厅、图书馆等，也应该邻近住宅布置。

（5）工厂可以被认为是"绿色工厂"。所谓绿色工厂，我们理解为一种崭新概念的工作场所，它极大地满足了人类的渴望，尽管今天受到人们的嘲笑。总之，它就是能使工人身心安全，健康、明亮、干净而和谐的环境。

（6）工业聚居区必须避免采用单中心放射状的城市形态，郊区、生产车间和小块开发用地的重复交替分布，及其引发的一系列不协调的交通问题，都将是灾难性的和难以缓和的。它应该成为一个完整的有机体，不仅保障当前的生产方式，而且确保劳动力和管理人员的培养机制，例如提供艺徒学校和技术学校。此外，还应提供各种研究设施，包括实验室、学院、图书馆、剧院和俱乐部等。

上述提到的原则尤其适用于那些遵循 24 小时太阳法则的工业门类。农业，虽然依循另一套法则（体现为年度的、季节性的和每日的），但也拥有同样的要求：每天关于居住－劳动－恢复的活动，以及间歇性的居住－劳动－素质提升的活动。它们的目标也类似，只有生产资料不尽相同。

对于上述第一种情况，在每天的活动中，事物的本质似乎都能带来均衡的结果，即农民的居住状态也应伴随以根本的改进。虽然四季的田间劳作给人们的身体带来各种锻炼，但农民极度恶劣的居住状况却成为各类严重疾病的根源。因而，乡村地区的居住问题成为当前一个严重而紧迫的问题。

第二种情况下，居住－劳动－素质提升由于乡村生活缺乏某些回应机制，导致土地被人们所废弃。利用空闲时间开展休闲活动已经不受重视，而如何为每一分钟赋予活力，重新参与社会生活却吸引了更多的关注。团结与合作，将农民和他的劳动成果以及承载这一切的整个世界紧密联系在一起。

素质提升，这个与人类深刻内涵相关联的希望，能够唤醒已经熟睡的上帝。使人类从凌驾于事物之上的地位上走下来，用最佳的方式管理自己。精神，能够照亮我们每天的行动，成为驱赶厌倦和无聊的手段，成为照亮我们生活的手段！

以上都是城市化进程中的任务。

然而在这危急时期，当一切都该进行有条有理的规划时，"城市生活方式"却至今还未被赋予一个恰如其分的定义。下面，我们试图作一个清晰的表述：

城市生活方式体现为通过建设领域的成果所展示的社会生活。因此，它是一种文明的写照。城市生活方式能显示出文明的作用，反映建设领域的全部，包括物质要素和精神的辐射。

这不是一个有着严格专业和技术规范限定的科学概念，而是体现为一种智慧，能够辨明有用的目标和制定实施计划。

第 3 章
人类三大聚居地

地面的利用

现代机械论诞生100年后，事物变化之大，足以引发一场改革。政府通过一种看似自然且毋庸置疑的命令形式，例如，强制性要求将大型工业"散布"于单中心城镇的外部。这种聚集分布导致其在战争期间遭受空袭和其他灾难，给城市居民中带来长久的痛苦和悲哀。

剩下的只有去讨论应采用何种形式特征，能使这种布局变得有效。将工业布置在单中心城镇密集区外围一定距离的地区？但具体布置在哪里，以及如何做到呢？这就是我们今天要讨论的问题。

以自我为中心的利益将使这个问题变得混乱："现代工业需要大城镇居民具有这些极其特殊的品性——精明、敏感和速度等。"事实是大城镇能提供劳动力充足的市场，使得雇佣者集团处于全面统治的地位。因此，这样做的价值所在将被予以考虑，并且包括法国在内世界各国的工业布局将由某些内在的要素所控制。

实际上，人类聚居地的形成都遵循着某些规则，并通过不断的调整达到一种有益的均衡状态。如果规则的运行停止，约束力放松，或呈现混乱时，伴随而来的将是无精打采、失明盲目的一天。例如，在机器时代早期，城市的形态呈现为触须状的无序蔓延。不断绵延扩张的建筑物造成了"巨大的浪费"，扰乱了人类对于太阳日24小时的简单使用规则。企业陷入一种过度的、野蛮化的运转状态。虚假的繁荣，空洞的宣传，城市规划出现衰退，开始偏离其本性，甚至和那些追求有悖于人类的矛盾发展的人也大相径庭。

家庭被破坏，生态系统被扰乱，人们的身心受压抑，所有的一切都进入衰退状态，整个种族近乎毁灭，惟一能做的只是掉入那些投机商人设下的陷阱。正如用血肉之躯面对加农炮时，剩下的只是无尽的悲哀。工作成为一种惩罚，人们在险恶的圈子里挣扎，一半的强制性工作只是为了补偿这种无序所带来的代价。过热的流通体制，增长的机遇，酒吧林立，自成一体，到处是寻欢作乐和绝望的"消遣"。看上去似乎一场广泛的自我报复行动已经展开，其代价就是轻率征服机器的人类。

在这个发现的背后，让人窒息的是，人们并没有意识到他们已经偏离自然状态越来越远。事实上，人类已经打破了自然的界限；各种企业不断涌现，杂乱地遍布地球表面，并且沉溺于剧烈的各自的利益追逐，这些已经侵入"神圣的"领域，使其再不依赖城市，相反，却成为反对城市的世界壁垒。人类的企业根据支配它们的均衡原则设立自己的界限；如果在这些界限内部人类是主人的话，那么，一旦走出去，就将"脱离于自我"，也不再拥有自我。在谈到早期文明中的人类聚居地时，马塞尔·格里奥勒（Marcel Griaule）*写道："设立界限是上帝的职责，而不是人类的职责。"

不断扩张的城镇，标志着人类的繁衍生息。其外围环绕着作为防御工事的城墙，如同城镇的胸廓。但这一围合体承受着来自各个方向的压力，限定出聚居区的地域范围：这些压力有的来自场地环境（平原、斜坡、山谷、海洋、河流），并且通过与周边地区的作用被进一步加强；有的体现为由遥远地区延伸至此的主要道路带来的腹地的潜能。由此，在城镇边缘地带的外围，形成了一片松弛的扩展地域，它体现为一种有组织的物质性实体，由巨大的推力汇聚而成，如同拱顶石。城镇打破了与统治着周边自然环境的上帝之间的联系。因而，我们有必要对自然状态进行重新认知和再发现。

这一任务将迫使对人类各种有益的迁居活动进行重塑。所谓有益的迁居活动应该是对自然和宇宙的力量采取回应，遵守、尊重游戏的规则，并能破除一切障碍，由此将取得成功。

企业曾经引发过欢乐、财富和公民意识，今天取代这种情况的是衰退在到处扩散，而作为衰退的先兆，一种参与情绪将会萌生。只要参与就足够了——即使对赤贫阶层，受伤害最大的人群来说也是如此。

某种形式的人群外流出现了，他们离乡别井，奔向希望之乡，能否返回则毫无所知，实际上一种无可争辩的人类艺术运动在各地兴起。经过几十年，其势头将有增无减而聚集起来。相信终有一天将实现这种转变，在那里，剪毛的绵羊、驯服的马匹和机器文明下的佃户将再次成为充满活力和乐观心态的行动者。

明确的报导可以确定人类聚居地的整体地形特征。当代的混乱状态

---

* 马塞尔·格里奥勒（1898—1956年），法国人类学家，因其对西非多贡（Dogon）部落群体的研究，以及对于法国人类学领域的开创性贡献而著名。——译者注

已经全面完结了它自身毁灭性的工作。而就在重建的前夕，思想的统一仍然尚未构建起最基本的原则。例如，我们常听到有人建议将田野劳动者和产业工人结合起来。

在对这类论点加以驳斥之前，我们先来看一个事实真相：渴望将工作视为一个统一体，成为当代将所有人都置于同一部法律约束下的重要因素。它实现了人群的团结，而不是离散。如果我们要认识到工作文明的存在，并为其赋予最高品质的荣誉，就需要找到一条自然的途径，能够规划和构筑形成仪式性的、神圣的、公正的和富有建设力的人类聚居地。所有要素中，首要的原则就是实现人类、自然和宇宙三者的和谐与均衡。

那些曾一度梦想追求平静自然的工业领袖们，提出了一个关于"工人－农民"或"农民－工人"的概念，认为有可能在某个时候实现这些职业身份的结合。他们同时提供了一些范例，例如侏罗省（Jura）出现的兼任钟表匠和农民两种身份的群体。很早以前，这些农民—钟表匠就放弃了农场的工作涌入市镇，涌入车间，在1900年的某天，这些车间变成了充斥着机床、轰鸣声不断的巨大工厂。这样，村庄被转变为乡镇，乡镇变为城市。他们也成为城镇市民，拥有了城市住宅并享用公共设施。

尽管如此，然而我们的解决方案却是建立在一系列非常脆弱的假设基础上：工业生产中充斥的是无法避免的丑陋、忘恩负义、悲哀和疲惫；田野中的劳作却是崇高的、富有魅力和诗意的；人们对于修枝剪充满热情，认为这是描绘遗失的天堂的象征性工具；人们能够重新获得每天可利用的光阴；能从这两种截然不同的工作的转变中获益；能获得额外的收入，并从中获益匪浅；通过自身努力获得食物能带来安全感，等等。

然而其中有很多难以得到有效支撑的错觉或判断：

（1）工业劳动带有欺骗性，并且对许多人而言是令人烦扰的。这是因为在机器时代的第一个时期，工作所处的物质环境和道德环境呈现出一种可怕的混乱状态。但这些只是外部因素；

（2）田野劳作并不是一个富有诗意的礼拜仪式，除非它值得在良好的环境中进行。这不过是一项真实的、粗鲁的和劳累的工作，并且有时还将超越人们忍耐力的正常极限；

（3）在这里，修枝剪成为自然奇迹中优美的符号，为人们创造与自然直接对话的机会：种子发芽，繁花似锦，果实丰硕，不尽的丰收……这些奇迹能够成为我们领悟和解释自己在世界中所处位置的关键，成为引领我们发现大地深处、草木末端、星空下穹顶的大门。这些小小的剪刀虽然看似极其简单，却能超越在玫瑰树、花圃、梨树、树墙（果墙）以及菜园青豆中的用途，在事物间建立联系和揭示内涵，并将道德和良知引入工作中。

（4）不要浪费每天的任何一分钟，一旦离开工厂，就应积极、充分地利用夜晚到来前的最后几个钟头……不过世界是艰辛的，因为还有其他更多的疲劳；世界是每日运转的，几天后"劳动"很容易变成"强制性的苦役"；世界的运行是永不停歇的，即使在寒冷的冬日。那么，"我是否就应该这样如同遭受诅咒，不得不接受永久的惩罚？"

（5）工作的转变，是恢复和重生无限力量的源泉。而这只有在实现经济自由的前提下才可能实现。你会说，要争取额外的收入——显示你是一个贪得无厌的人。哎呀！这其实证明你的正常收入远远不够，你只是平庸命运的牺牲品，完成了一项工作，又不得不投身新的工作，并奋斗到深夜。一天的忙碌结束了，第二个工作日又紧随而至。但只有这样才能确保充足的食物，不然迎来将是无尽的饥饿。

田野劳作与工业劳动截然不同。工厂工人只需要服从于 24 小时的日常规则，农民则需要遵从年度的、季节的和一天 24 小时的太阳法则。这才是两类工作最根本的区别，既体现在物质层面上，也包括精神层面。

工厂工人对其工作的职责仅仅维持在工作的当时，而农民则承担着整整一年劳动成果的抵押负担。每个行动又因为活动地域和目标的不同而有所差异。在每个早晨都为一天的工作制定时间表。

他们的行为，不论在生理还是心理层面，都存在差异：农民一个人孤单地在犁沟上、葡萄园间或丛林中耕作。只有在特殊的收获季节，他们才会聚集在一起，以节日的方式表示庆祝。农民对于其劳动工具，如犁、铁锹或是大镰刀的关注，与工厂工人对于老虎钳、车床和熔炉的感情完全不同。这里农民的双手因为劳作而变得坚硬，满是厚茧，而工人有时候却能拥有外科医生一般柔软的双手。前者在劳动中是孤独的，后者在车间中则体现出较高的群集度。

"链条"成为工业的标志，它暗示着规则、精确、持续的配送、固执的团队合作、专注和紧张，以及精确计时的工作态度。

劳动世界不可能在到处是差异、对抗和互不相容的层面上实现统一，也不应该有职业的混淆，而协调一致的只是社会、公民和道德理念。

"人类聚居地"已经遍布世界各地。在机器时代早期的100年间，因其肆意的无序蔓延，而导致危机。这些聚居地的建设应选择在明确指定的地点，它们的形式应该体现内在价值，并采取一种可靠的、生态的建设模式。

由此，我们建议采用一种"农业开发"单元（新建的或改造的），让其成为食物生产的方式。

对于工业而言，应采用一种与其自身需求相呼应的形式——"线性的工业城市"，作为制造业生产的方式。

在主要道路的交叉路口设置单中心交换型城市。这些城市可以或重新独立布置，或者共同布置，包括作为商业中心、思想中心或行政管理中心的城市。

这里需要强调的是，上述基本形式中有一个是全新的："工业转型的线性城市"，在人类社会发展历史中具有头等重要的意义。

对于这三类聚居地的研究有助于让我们一步步迈向确信。我们可以对土地的使用进行重新反思，这尤其强调要进一步探索空间的组织，发展人文地理学和地理建筑学。

从此，我们可以讨论技能，这一术语将所有的一切置于技术及其合理方法的庇护之下。

由此也明确了我们的任务要点：为了今天的需要，去认知机器文明下人类聚居地的建设规模和形式。

我们应该为这三类聚居地赋予生命体的身份，充分尊重承载它们的土地的自然属性，以及赋予其活力的人类的特性。这是我们应该遵从的计划。我们需要为不久的将来准备一种测量工具，既能决断小规模的紧急项目，也能决定长远的宏伟计划。我们应该致力于为未来的工作文明制定一条行动总路线，一旦走出当前混乱的危机状态，人类将进入第二个循环，意味着一个和谐新纪元的开启。

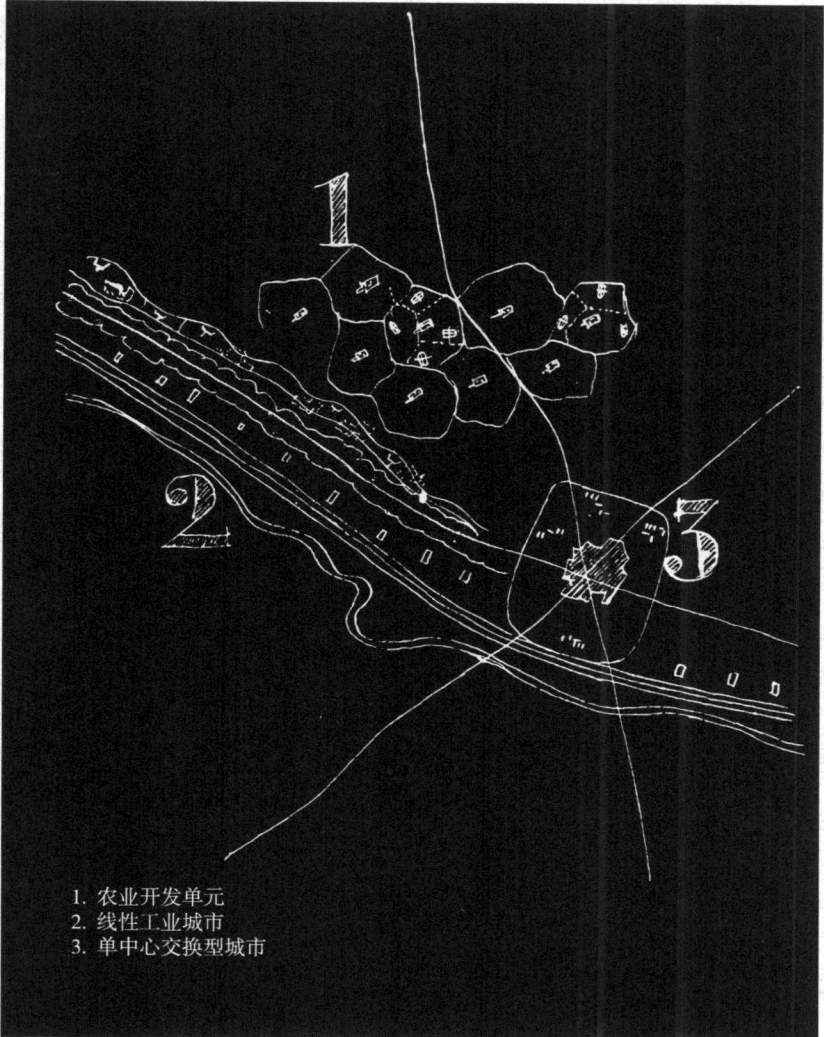

1. 农业开发单元
2. 线性工业城市
3. 单中心交换型城市

Les récoltes (le silo ou la cave) / 农作物（粮仓或地窖） // L'eau et les forces communales / 供水和公社服务

农业开发单元

乡村单元

乡村地区被人们所遗弃的原因是什么？有什么办法能让人们重新回归到大地的怀抱中呢？

有些人企求回到那些在今天已经消逝的黄金岁月，并充满喜悦地描绘着当年的场景。人们为之付出了无数的热情，然而却没有人真正知道如何评价这其中的深刻内涵，当前的进展程度，或是思维中的惰性。

回答上面的第一个问题，有一种补救措施，答案就是通过在平整的地面上修建机械化的交通联系，首先是铁路系统，然后是道路系统，从而启动乡村地区内部大规模的人口流动。

在那之前，农民对于宇宙的认识只限于15公里为半径，30公里往返距离的地域范围内。对于其他地方的了解则不时来自外出归来者的只言片语。一方面，形成了一种有限而且很容易得到满足的好奇心；另一方面，信息在各种传说中被神圣化。

铁路的建设带来了报纸的发展。而20世纪小汽车的发展，却打破了传统30公里为直径的、人们所熟悉的安静的生活圈。好像命中注定似的，路易十四和拿破仑大道上永不停歇的车来车往，足以使道路上重新充满活力：为人们提供了一条新的路径，由此，乡村地区不再与外界隔离，并且开始缓慢地为城里人所发现，这种发现来自质朴的惊奇和肤浅的观察。大大搅乱了农村人和城里人生活的本世纪的两次大战，却给农村人一个反作用，让他们了解了城市。同时，电力设施在乡村的引入，如同为其戴上闪耀夺目的王冠。明亮的夜晚足以同阳光下的白昼相媲美，更增添了几分诱惑。

从前，往往是年轻的小伙子离开乡村，移民进入城镇，并不再返回。他们可能成为铁路职工、警察，并渐渐成为机械师、司机……他们在城镇工作，但在邻近地区居住。在此巨大转变的带动下，一个激动人心的现象在大地上出现：一方面大城市快速蔓延，另一方面，人们纷纷逃离农村。

速度，这个到处带来破坏和令人心烦的始作俑者，在重新建设的阶段，却也非常适合作为衡量解决方案的工具。

速度的积极效用体现在：他们能够改变千百年来人类在产品交换和消费中的实践，同样也将改变农业规划。带着世纪的理念，速度体现出世纪的模式，这些是：通过机器、信息资料、报刊和广播，减轻人畜的劳动。

在历史早期阶段分配给乡村社区各户家庭的土地，是依据人的步距和播种方式进行丈量划分的，因而在机器面前尤显狭小。人们感到有必要重新组合，然后重新分配这些可耕的、公认为有利于合并成大单元的土地。Gaston Roupnel[1] 对此早有预见，不过是出于另一些考虑，而不是我们关心的那样。他又发现，法国在史前社会曾有较长一段时间由集体化组织的社区对土地进行熟练的再次划分。而且，他似乎曾经希望视其为一个较短的时期，只不过是随后按单个家庭规模分配土地的阶段。数千年过去了，人类拥有了机械化的速度，法国的土地得到了精细的准备、耕种并获得丰收，其效用和贡献显而易见，仅仅需要对土地进行重新划分。Roupnel 试图从技术专业的角度，而不想涉足政治争论，他写道，"在一个包含了许多小块土地的大片地块中，财产仍然可以进行划分，只需要保证上面的耕作活动是一个整体，也就是说，无论使用机器或人力都采用集体耕作的模式。由此，村庄将成为开发者的协会，生产的合作社。人们将回到往日的时光，每个人都为所有人服务。"

最高权力机构认识到，有必要向公众展示这一拥有"适宜规模的"农业行政管理单元，使得市长或其他行政长官一旦被委任以充足的土地、人口和事务，就能迅速行使其职责。

我们关注的是一个技术问题，即如何确定农业开发单元：在某些情况下，这些甚至能够超越村庄的地形。作为机器时代的产物，它们倾向于聚集分布。

让我们参考速度法则，对农业耕种的环境进行探讨。

首先，我们应该认识到，哪些因素会受到农业生活中 4 公里/小时行进速度（而且并没有改变的可能）的严格限制；然后，另一方面，承认那些承载机械化交通工具（机动车辆及其所有产物）的乡村道路网络

1　Histoire de la eampagne française, *Ed. Grasset*, *Paris*, 1932.

是下面图表中所显示问题的关键所在：

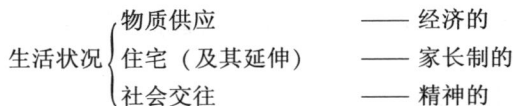

$$生活状况 \begin{cases} 物质供应 & —— 经济的 \\ 住宅（及其延伸） & —— 家长制的 \\ 社会交往 & —— 精神的 \end{cases}$$

那么让我们仔细分析在农业单元中哪些要素将从属于 4 公里/小时速度法则：包括牲畜和养殖场（相关设施，牲口棚、草料垛堆、谷仓）、饲料仓，牲口饲料加工房，牧羊人住所。活动的地域范围是牧场。

下一步让我们来确定一下谁将受益于或已经利用了每小时 50～100 公里的法则，这就是集奶牛场、农产品粮仓、机械车间、农机具仓库于一身的合作中心；还有配套工业的作坊（或小型工厂），它也有一个咨询台。此外，还包括主要建筑、合作商店、学校、青少年工作室以及拥有公共运动场地的俱乐部。

这些乡村产物的实现并非一蹴而就，而是面向未来的发展，它们为我们展示出一副再造的乡村图景，将使农民的生活重焕活力：根据自然地形（或牧草分布）进行耕作，在邻近主要道路的中心地区（而不是在旁边）设置合作中心，最后实现耕地的机械化（单一的或多种植）。下图向我们展示出关于未来农业革命的更为精确的设想：

1. 1、2、3 个或更多的村庄。教堂、墓地、坚固的农场将继续保留。衰落的农场将不再进行重建。村庄成为转变过程中的临时性场所。

2. 合作中心。

3. 牧场或带牲口棚及其附属建筑的牧场。

4. 用于自给自足或对外出售的农作物。

5. 果园。

6. 谷物、块根类和块茎类作物、葡萄园等，因各地方情况而不同。

7. 各种平坦的道路。

合作中心成为嵌入农民生活中的现代化工具。并可分为以下三类：

（A）如果村子足够大，即为一个村子的合作中心。

（B）数个相邻城镇共享的合作中心。

（C）新型农业开发单元的合作中心，也是本研究的核心对象。

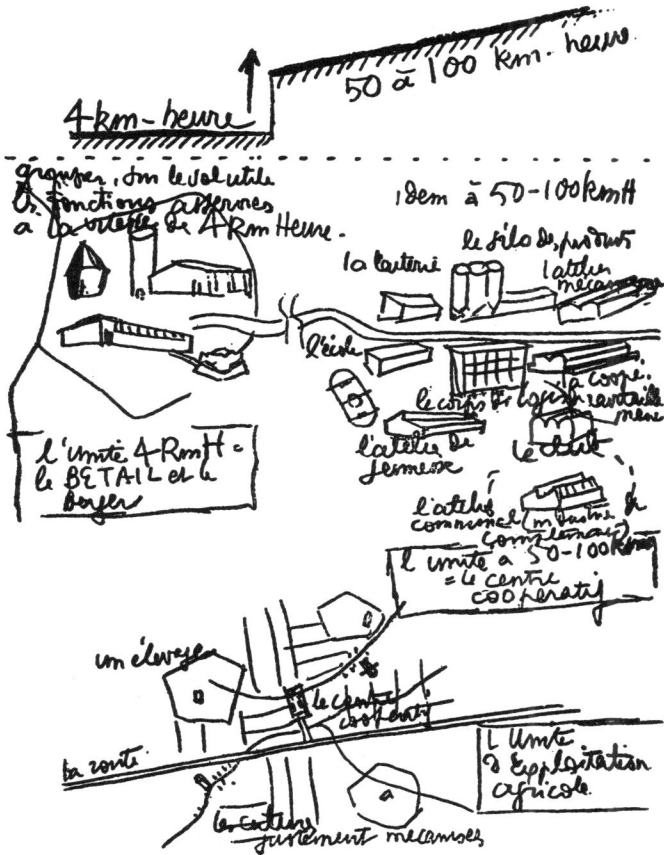

4 km-heure／4 公里／小时／50 à 100 km heure／50～100 公里／小时／grouper sur le
sol utile les fonctions assernes a la vitesse de 4 km heure／将服务于 4 公里／小时速度
的功能按类别聚集／1 dem à 50-100 kmH／50～100 公里／小时／la laiterie／乳制品
厂／le silo des produits／储存作物的粮仓／l'atelier mécanique／机械化生产车间／l'
école／学校／la coopérative de ravitaillement／合作商店／le corps de logis／主要建
筑／l'atelier de jeunesse／青少年工作室／le club／俱乐部／l'atelier communal
（l'industrie de complément）／公共车间（补充性产业）／l'unite 4 kmH le bétail et le
berger／4 公里／小时下的基本单元：家畜和牧民／L unité à 50-100 kmH：le centre
coopératif／50～100 公里／小时下的基本单元：合作中心／Un élevage／农场／Le
centre coopératif／合作中心／La route／道路／L'Unité d'Exploitation agricole／农业开
发单元／les cultures purement mécanisées／机械化耕种

前两类合作中心拥有相同的构成要素，并聚集布置在一栋建筑物中：即"合作中心"，它作为一个独立的综合体建筑，经过精心的布局和组织安排，整齐有序，并由一名主管负责管理。

这是一个全新的建筑设计：应该拥有粮仓（silo）（包括场地布置及其内部的详细设计）、机械化生产车间和装载社区机器的机库、相关工作人员的住所和俱乐部。

学校、邮局、市政厅，以及负责物资供应（或分配）的合作社，是独立于这个技术中心的机构，可以根据实际情况布置在中心之内或外部。

至于农业开发单元的详细资料，可以参考柯布西耶和让纳雷（P. Jeanneret）在1937年巴黎国际博览会上"新精神馆"中展示的研究成果。

这里有两个前提假设：

（1）当前或不远的将来

各种机械装置、拖拉机、运土机等设备，在每个农场中一年的实际工作时间极其短暂，因此成为一种资源的浪费。Roupnel提出了一个解决方案，或者说是一种更好的协作方式（在耕地被再次分配为私人财产前，重构耕地的原有状态）。

村庄单元（教区，最大功效的短距离建制）基本上以土地为生，它是从单个农民向集体转变的耕作主体。

对于那些数个相邻城镇共享的合作中心而言，这一假设也是适用的。

（2）长远的未来

自从史前社会（Roupnel提到的）以来，各种各样的土地都得到了很好的开发和利用，产出丰富：包括如森林、牧地、葡萄园、果园、草地、块根和块茎类作物，以及各类作物的轮流耕种。但是，如果能实现耕地与机械化生产车间和仓库的良好布局和相互间的便利联系，那么，今天认为无法接受的距离都将变得十分普通。

牲畜成群地放养在开放的牧场上。小麦脱粒后，干稻草将被存放至牲口棚附近的仓库中。

如果说土地开发（以协作方式开发广袤的土地）可以在合作社的领

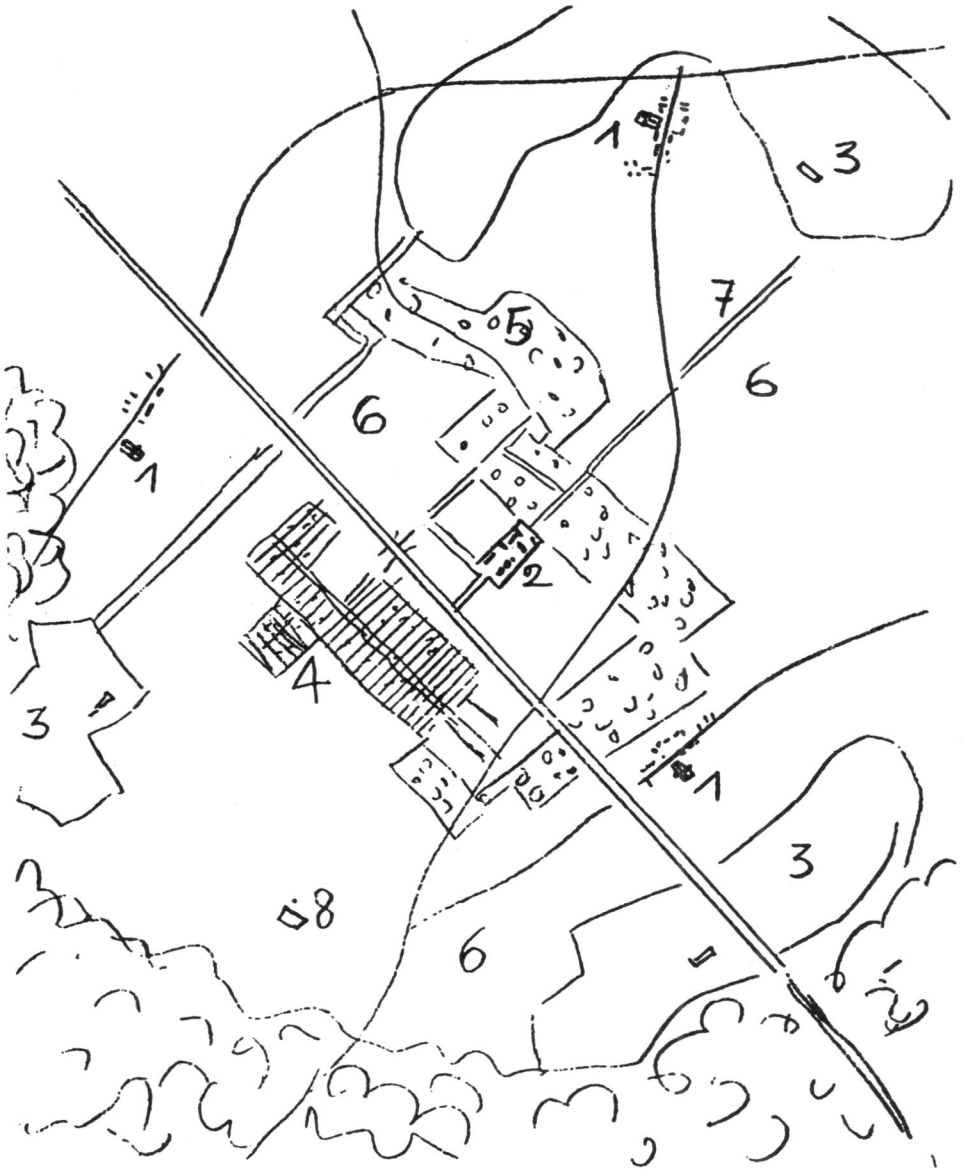

导下进行，那么，合作中心就可以布置在一个或多个村庄之外，数个村庄围合的中心地带上。

具体地说：住宅将继续保留在原地，只要其他习俗没有强加上新的规定，也就是说仍然布置在村庄内部［原有的或翻新的住宅，（可能还）另有部分附属空间供自家的农业用途：菜园、养殖鸡和兔子等］。教堂和墓地仍然得到保留。

学校如何设置呢？通过道路相互联系，路上允许自行车和校车等交通工具的通行。

一旦地方道路网络的翻修完成，形成平坦、坚实的道路平面，"俱乐部"将成为农民生活中一个充满活力的新中心。

现代化速度最神奇的化身当然是电力，它通过空气中的电波或金属线传导至各个地方，而这些场所看上去似乎本应当已经逃离了现代生活的渗透。

需要的能量、电力和照明——通过一个简单的开关控制——到达地域的各个尽头。这些能源的使用，在城镇地区得到普及后，又进入了市镇、村庄和小村落，最后来到目瞪口呆的农民面前，为他们带来众多关于命运改变的猜想。而在此之前，他们使用的仅仅是油灯或者蜡烛。

让我们考察一下农民的人口状况：如果土地仍然保持原来的使用范围和开发模式，那么家庭的发展将伴随成员年龄、人口规模和智力情况的变化而波动。以前，在出现雇佣军的时期，一些年轻的小伙子离开故土，勇敢地面对火枪、疾病或其他无尽的不幸遭遇。最近，正是美国，吸引了他们——这些心灵思维"过于"含混不清的年轻人，有点像被魔鬼驱使一般，远离他们频繁活动的如此熟悉的故土而踏上移民之途。

过去的两次大战扰乱了在城市和农村的居民。妇女们也开始接受"教育"和崇尚精神追求。并且她们知道该如何维权和坚持己见。

农民对更为广阔的领域产生了新的志趣。那么，有什么办法能够阻止农村的少男少女们如同被施加了催眠术一般，宁可放弃真实的工作也梦想成为雇员、技工、警察、烟囱清扫工或博物馆警卫？是否有可能停止这种促使人们逃离乡村的召唤呢？

因而，有必要让乡村中的人们在他们邻近的周边发现一个能自由呼吸的完整空间：让世代农民传承下来的原始特质在自然环境中得以继续维系，即使在乡村也提供有充足的工作资源（即提供各种服务）。同时，这些服务资源在本质上应有利于体现乡村要素的自然特性，从而阻止它们从农民的生活惯例中逐渐消逝的趋势。

实际的情况是，有时候家庭成员规模的扩张远远超过了他们所依赖生存的小块土地，而土地要素又不可扩充，他们该如何应对呢？此外，在各个时期各地的农村家庭中，人们几乎都失去了对农民生活的热爱，转而喜好那些更具规律性和干净的活动。这一倾向在当地一些少男少女中激发了结队外出的渴望，正如同以前受到的来自殖民地或美国的诱惑一般，只不过这些在今天受到了国家边界的阻拦。其中一部分迁移群体发现自身状态如此的摇摆不定，随时可能丧失工作和继续待下去的资格。不过，电动机及其伴生物却能够提供一种解决方案，让乡村中那些希望离开的人们留下来，并很自然地将工业社会的元素引入农民的生活中，从而在工业精神与农业精神之间搭建起一种理想的联系方式，最终为农业经济提供丰富的价值补充。

这类设置在乡村的补充性产业可以分为两类。第一类是单纯的机械产业，主要为大规模生产装配提供机械零部件。第二类则与农业活动相关，主要进行农产品的地方性加工：例如制糖业、酿酒厂、果酒厂，水果、蔬菜和肉类的腌制加工，奶酪、乳品、干酪素等奶制品加工，以及绳索和毛刷制造厂。

另一种关于产业的分类方式，则强调不同的参与方式。第一类是冬季性产业。它限制农民仅在某些特定的月份从事产业协作，从而出现了"淡季"时间（如果真的存在淡季，这一点仍有待商榷）。第二类是季节性产业，依据农作物的成熟时间而展开。第三类是永久性的机械产业，或者更精确地描述为"补充性"产业。他们共同保障在乡村地区始终能有充足的工作、场所和可用的机器设备，确保农业工人和"出逃的农民"能每天都享用到面包，或者更恰当地说，"有规律地提供有用的服务"。

由此也出现了一个问题：是否要在农场或合作中心的附属车间中安装发动机（提供能量的电动发动机）呢？

作为今天经济发展的指挥者，大型工业的领导们将回答道：发动机将被安装在农场中，作为农民家庭在住宅中使用的能量来源，它将参与家庭生活而不会破坏原有的和谐，甚至带来更多的甚至是巨大的财富。如果从历史辩证的视角来看，这将使得那些在曾经一度兴盛而今却销声匿迹的乡村工匠或家庭工匠重获新生。

现在，用于补充性产业的发动机设备应该安装在公共的生产车间或合作中心，而禁止在农场中使用。

回到问题的真实核心，这是因为发动机的引入，并不是为了获得更多的货币收入，而是旨在对乡村人口规模的波动做出回应，阻止农民的外逃，以及由此带来的大城市的蔓延。

农场中的发动机，正如"金钱的诱惑"，成为家庭中永远的客人，不仅在冬天，而且是每天永不停歇地运转。它将人们日常劳作时间末端的分分秒秒都收集起来，而这些宝贵的时间可以用于开展休闲、文化、运动或智力活动。人们会使这些时光金钱化；家里的母亲将致力于发动机的运转，儿子、女儿、祖父和祖母有时也会加入这项工作。金钱，收益，利润的诱惑，将深深地植根于整个家庭的心中。

相反的，在合作中心附属的公共车间中开展的补充性产业，将成为联系机器和自然人之间的重要纽带。它并不是一种肮脏的或微乎其微的利润，试图为农民的生活添加虚幻的慰藉，而是体现为一种精神，通过与另一种精神的交流和结合，获得令人欣慰的结果，如相互理解、相互支持、同心协力、共同恢复，为乡村地区带来活力，并将自然法则的智慧重新引入机器文明。

由此，"合作中心"体现为一种技术装置，为农民的世界孕育安全和希望。它仅仅服务于那些机警的、见多识广的和有技术知识的人，旨在培育一种新的关于严谨、热情、信心和坚持的良知。要将那些长久潜伏于农民意识中的技艺层面和道德层面的优点提取出来。这些都成为指导和教育的重任。出身粗野无知的农民，却接受全面文明的培育。乡村学校将执行这一教导职能，根据实际需求的情况，设置清晰明确的课程计划。

（围绕合作中心的内容进行重新组织）

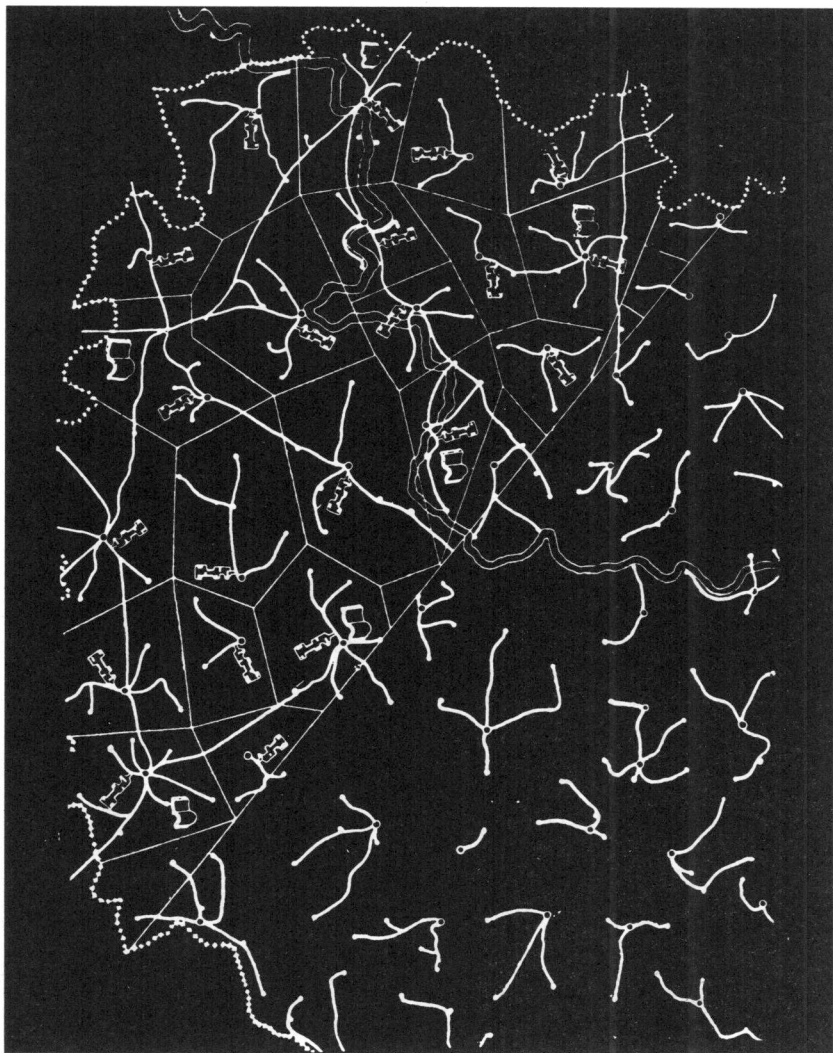

合作村庄

本章由 Norbert Bézard 撰写，他曾参与 CIAM 和 Ascoral 的工作。Norbert Bézard 出生于传统的农民家庭，他不是一个"自耕民"，他的家庭，从父亲到儿子，都是农业工人。他是一个充满智慧、包容的人，知道如何让自己所在的村庄（萨尔特省的 Piacé）充满活力。他曾经作过农业工人、市长办公室秘书，也一度当过面包师、墓地的掘墓人。在前任妻子死后，45 岁时他娶了一位出身巴黎的村庄女教师，并来到了巴黎。之后，他很快就西装革履，在雷诺集团的车间任职。后来，他因为心脏问题离开了工作岗位。该干什么是好？他开始在家里制作陶器。他的制陶技艺十分精湛，通过油画和水彩着色，将自己关于大自然的所有感受和认知都展现得淋漓尽致，包括风景、动植物等丰富的题材。但因再次患病，他于 1956 年 7 月在巴黎的 Necker 医院去世。

尽管有人对此心存怀疑，但我们仍然应该为我们所特有的村庄赋予这个美丽的名字"光辉的村庄"，因为它真实展现出我们乡村地区复兴的光辉景象，除了有产阶级的自私和一个时代以外，什么也无法阻止这个景象的展示。对于那些从来没有在这些小村庄和市镇里居住过的人们来说，他们很难想像到自己的日常生活充满了什么样的分歧、斗争和腐败。

俱乐部：面向年轻人的地方

俱乐部这种设置，无论用什么名称，对于村庄而言都不可缺少。一处能把村里的居民聚集一起的设施，在节日里，由于邻近村子的参加，人数更多。它也能作为年轻人的活动场所。这里还应能提供足够的场所举办企业联合会议、集会、农业展览、地方性露天市集（教区集市）。

因此，其中应该包括有一间礼堂（供放电影、聚会、会议之用），一间办公室作为地方协会的秘书处和档案存放处，一处可以聆听录音的安静角落，一间小型的地方民俗博物馆，永久性的乡村社会服务处，以及可供运动员使用的更衣室和卫生间，而运动场就在旁边。

俱乐部，作为一个真实的教育和管理单元，超越了所有团体和宗教信仰的范畴，它面向不同年龄的人群敞开怀抱，成为社区居住中心。

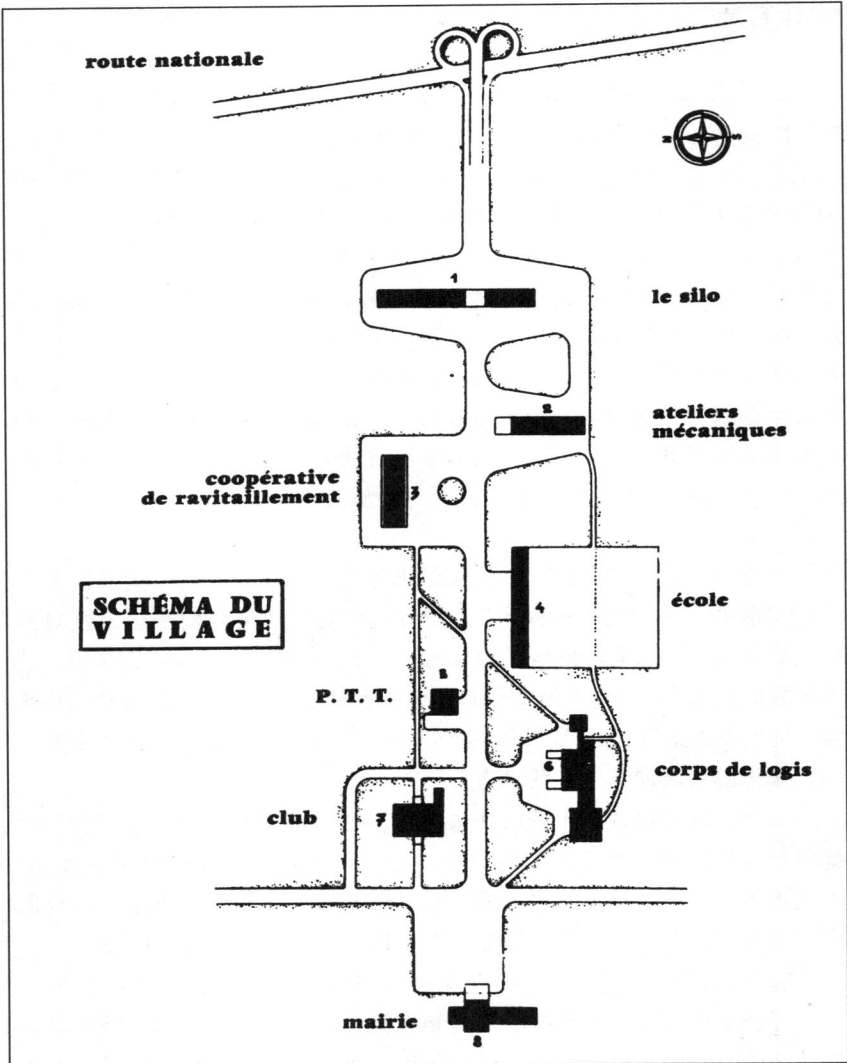

route nationale／国道∥le silo／粮仓∥coopérative de ravitaillement／食品合作社∥ateliers mécaniques／机械加工车间∥SCHÉMA DU VILLAGE／村庄平面图∥école／学校∥club／俱乐部∥corps de logis／接待处∥mairie／市长办事处

粮仓和庄稼（谷物、蔬菜、块根类作物和水果）

车间用于为社区机器提供保养和维修，机库则作为机器的存放场所。合作社提供供给。左侧是主要的交通干道。工业建筑都采用标准化设备。在大自然中展现出一副整洁而纯净的景象。

公社组织和合作粮仓

公社组织是行使管理职能的合作组织。

公社组织的作用工具就是合作粮仓，在这里被赋予了十分广泛的内涵和真实的象征功能。实际上，合作粮仓是一个建筑体，一种工具，从更广泛意义上而言，也是一个管理组织：它作为一种有形的符号表征了农业合作体的存在；又如同村庄的肚子，发挥合作商店的功能；或是农业联合组织的商业化工具，储藏谷物、水果、蔬菜、肥料和种子等的储藏室。

对于农民而言，将他们的收成置于自己视线的监管范围之内，并由合作组织负责储藏，这不仅仅是一种情感上的寄托。粮仓取代了私人的谷物储藏室，而成为现代农业经济的重要基石。

也许有人会提出反对，因为各省合作社下面都设有大容量的粮仓。但无可非议的是，我们的农民都对其毫无兴趣，因为它们距离太远，并且和其他所有的商店一样——通过获取盈余而运转——在实际中脱离了农民的控制，而无法发挥合作社的实际功能。构建合作单元的基础就是公社，这一点谁也无法否认。

合作粮仓，作为公社组织的共有财产，是村庄以至整个乡村地区的安全保障。如果我们早点拥有这种合作粮仓，就不会出现将小麦拿来喂猪或任之被象鼻虫侵食的景象了。

联合车间

车间和粮仓如同孪生兄弟，相互依赖，互为补充。乡村的工匠技能正不断消失，而这就像一场巨大的灾难，没有了执法官、车轮制造工、各种技术工人，农业将不复存在。因此，对于农民而言，需要让一种新的工匠技能得以复活，那就是通过号召城镇里的剩余工人，让其进入现代化的车间工作，在合作化大生产中（这个组织应该是层级分明、纪律严明的，以保障良好的运行状态）发挥明确的职能。这个车间将满足村庄中最紧迫的发展需求，并且推动农场的现代化发展。

分配合作社

这里并非试图描述分配合作社的未来图景，而仅仅只是讨论在每个乡村公社创建类似机构的必要性。

但凡没有在乡村中心地带居住过的人，都无法想像我们的农民是如何无权关注那些制作品、杂货店和服饰店的物品、衣物和家庭用品等物资的分配问题。

对于我们所有就近可得的日常生活必需品的分配问题，我们为什么没有权力过问呢？

相信等到有一天，乡村居民发现在家门口就能享用到以往只在城镇中才有的各种所需商品时，他们将不再有离开的理由。

住宅：居住的场所

让我们看看村庄中的居民是如何居住的，比如在博卡日地区（Bo-cage）、萨尔特省（Sarthe）、马耶讷省（Mayenne）、曼恩－卢瓦尔省（Maine-et-Loire）等地。

光辉的农场
1. 住宅（底层架空）带有
　　可爱的花园
2. 农家宅院
3. 牲口棚（马、牛、羊、鱼）
4. 牲口草料配置间

5. 储藏牲口食物的粮仓
6. 仓房
7. 工具房
8. 粪池（有盖）
9. 菜园
10. 禽舍
11. 果园

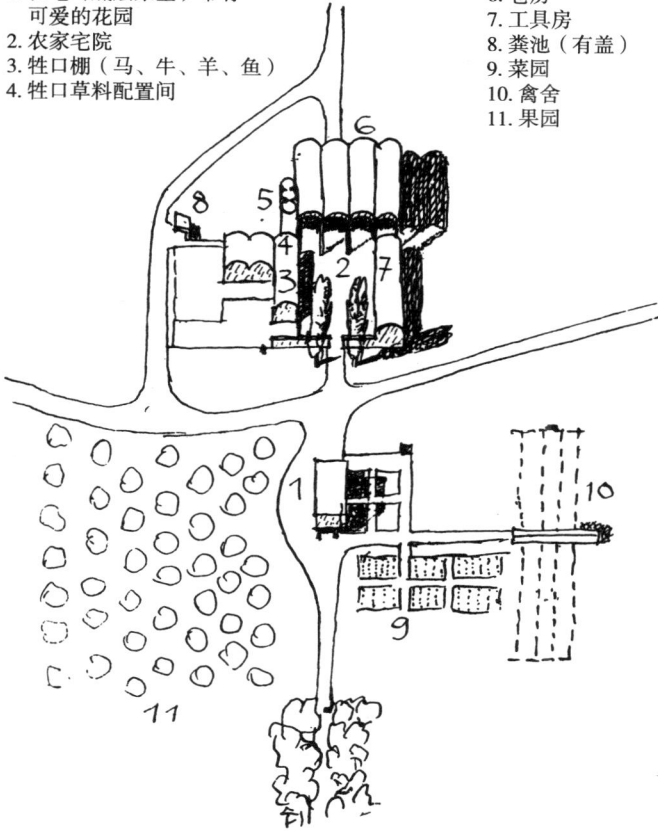

　　村庄选址一般在台地上，或紧邻老路的十字路口，或位于山谷的底部，或地处浅滩，各村之间平均相距约 4 公里。村庄的中心地区，设置带小型广场的教堂，并有数条小路通过，其中的一条主要道路往往是地方、省或国家级的交通要道。村民的低矮住宅，通常沿着这些道路修建，位于传统军事市镇古老防御工事的内部，或被现代郊区的住宅区所包围。

　　而事实上，是否可能强迫我们勇敢的小镇居民一直居住在这样的贫民窟中么？难道无法将这些陈旧、破裂、没有新鲜空气、阳光或内部设施的场所改造成为名副其实的住宅么，通过在里面安设上下水和现代化的卫生设施，取代那些早期陈旧的循环系统么？

你是否曾经紧邻大马路居住，每天成千上万辆小汽车呼啸而过，更不用说卡车、公共汽车或摩托车？道路实际上禁止儿童、老年人和小动物通行。

在光明城市里，一个新的村庄（或合作中心）规划远离主要交通干道而邻近一条主要的联系道路布置；所有的建筑物都与村庄间的联系通道保持一定距离，并设有两个出口，其中一个与主要联系道路相连，另一个出口则通过合理的交叉路口设计与交通干道相连。

据了解，我们可以让老年人在传统村庄中度过他们的最后时光，随时面对高速公路带来的各种危险。但经过调查，我们建议为他们建设一栋配置各种公共服务的公寓住宅。为什么要选择这样的建筑而不是独立住宅呢？从经济层面而言，因为在这类建筑中比分散布置的独立住宅更容易提供各种现代化的看护服务，如在城镇中所实现的一样。

让人好奇的是，那些奔赴城镇的乡村居民能够完全接受像在"兔笼"中一样的生活……相对而言，我们的绅士和女士们虽然在假日很喜欢那些陈旧的茅屋，但绝对拒绝冬天的时候住在其中，这一点也就不甚奇怪了。类似地，正如我们不得不放弃能俯瞰整个山谷的小型家庭住宅所赋予的"独立性"优点——以换取现在住宅中巨大的附属空间，可以容纳众多的农村生活必需设施，如花园、工具、钓鱼和狩猎的器具、地下室、兔箱、木屋、洗衣房等。

农业开发单元需要一个举行集会、会议和戏剧的礼堂（1）；会议室（用于运动、音乐、会议、互助等活动）（2）；市长用的会议室和办公室，用于医学检查的诊疗室等（3）；村庄需要用水，已经在山上修建有一座水塔（4）；我们可以将这座水塔转移到村庄中心（5）；在支撑储水器的底部立柱之间修建会议室（8）；市长办公室（6）；以及一系列必需的社区服务设施（7）。

农场

农场在其出现的早期，一般设置在耕地的中心地带。今天，经历了继承、转变和分割的各种过程后，农场普遍分散布局。在博卡日地区，当地的农场处于一种均衡开发的状态，一半作为耕地，另一半是草场，由此实现了混合耕作并拥有多种多样的果树。不久以前，所有的场地都被人们用处理过的木头整齐地包围起来；树篱仍旧保留下来，这样有利于让牲口

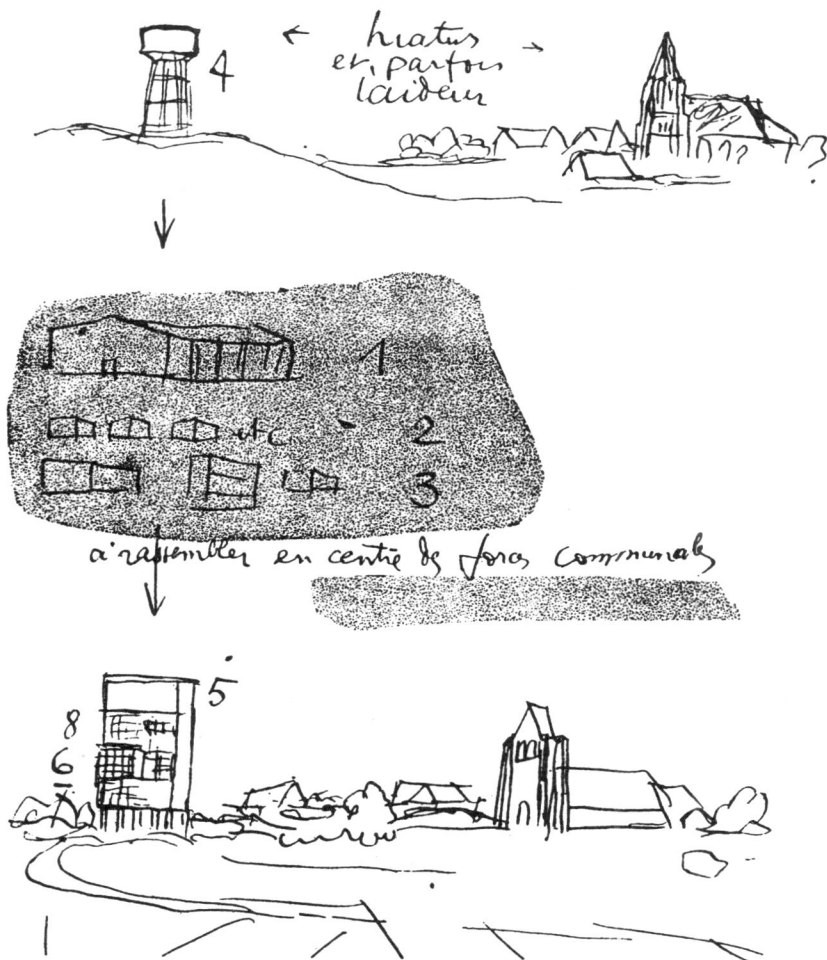

Hiatus et parfois l'aideur/断裂的，甚至有时是丑陋的 // à rassembler en centre de forces communales/重新聚集成为社区服务中心

在牧场活动；树篱和沟渠共同形成良好的围合。正是这些赋予农场以魅力和整齐，伴之以宜人的气候，树木和流水成为人们的朋友。

如果在市镇的入口处分布有一些农场，它们只是小规模的"前哨"，主要为当地的居民出售牛奶和奶酪。

所有的农场，无论大小，基本都不适于人的居住。牲口和人们住在一起，很多时候甚至前者的居住条件还要优于后者。对于住家而言，一间厨房兼客厅往往被烟雾熏黑得好像被烧过一样。上面是存放谷物的谷仓。厨房旁边是一间放有几张床铺的大房间，这是为客人准备的。雇工住在围栏中，房间里脏乱而且没有铺装，甚至更多的时候他们是住在马厩或牛棚中。无论前者还是后者，都十分简陋，有时候地面铺上水泥以便快速清扫。绝大多数时候，农场的粪水和粪便在路边流淌，最后渗入泥土中。一个仓房是不够的，往往过于狭小而不足以存放庄稼！在博卡日地区，由于乡村的地面过于崎岖不平，无法在田间打谷，因而不会对风景如画的建筑物造成任何风险。谷物在收获之后被立即脱粒，然后装入谷仓中。然而谷仓通常因为容量过小而存在过度装载的危险。

总而言之，所有的一切都需要从头重新修建，不然无法适应当前的需要。难道我们不曾常见，在战前时期家里的小汽车陷入庭院的粪水中无法前行的场景？设想到处都是美丽的仓房和机房，新的牲口棚，那些尚能被接受的仍然可以被保留，但其余部分将被清除和重新建设为更大的规模。

这就是为什么我们要研究"光辉的农场"：它将拥有现代化的设备，体面的住宅，为农场主尤其是他的妻子提供良好的服务。这里卫生而且舒适，但并不奢华，有的是健康和优雅，并且富有效率！辛勤工作的人们在这里居住和梳洗，成为一种愉悦的享受。住宅成为农场的指挥所，充满了生机和吸引力。

在农场中，有最适宜的流通系统，机械化的管理体系，庭院整洁如新，牲口棚为牲畜提供舒适且卫生的栖息地，并方便饲养员管理，粪水和粪便得到了有效的收集和处理。这里场地开阔，谷仓巨大，不会有带嫩枝的麦秆或草料散落在外面。所有的机器和原料都处于机房的庇护之下。另有一间车库和小型加工车间。最后，还有防水的粮仓，用于存放谷物、绿色草料以及块根和块茎类作物。

在这里，所有的功能都得到精心的布置，场地和流通系统都经过深入研究，共同构成一个和谐、生态的场所。

在20世纪法国的农村地区，如博斯地区（Beauce）和布列塔尼地区（Bretagne），一种新的建筑符号在干草堆、田地和牧场中出现，它成为市民力量中心的象征，以强有力的印章标示出法国乡村的景致。

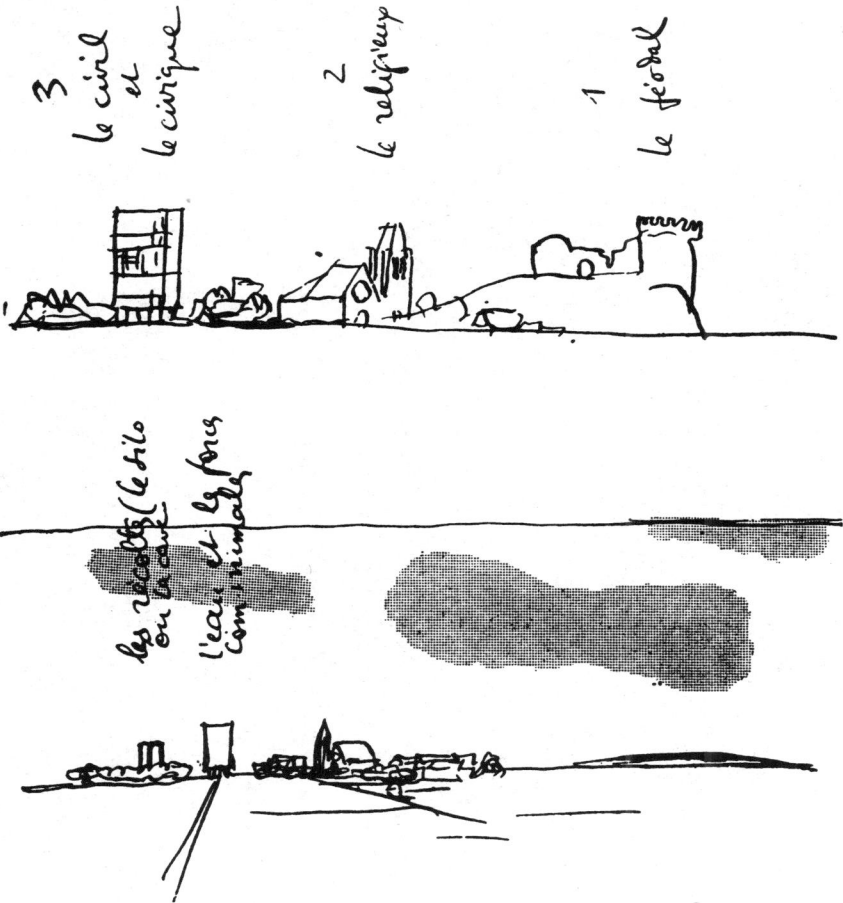

Les récoltes（le silo ou la cave）/农作物（粮仓或地窖）//L'eau et les forces communales/供水和公社服务//3 Le civil et le civique/3 市民的//2 Le réligieux/2 宗教的//1 Le féodal/1 封建的

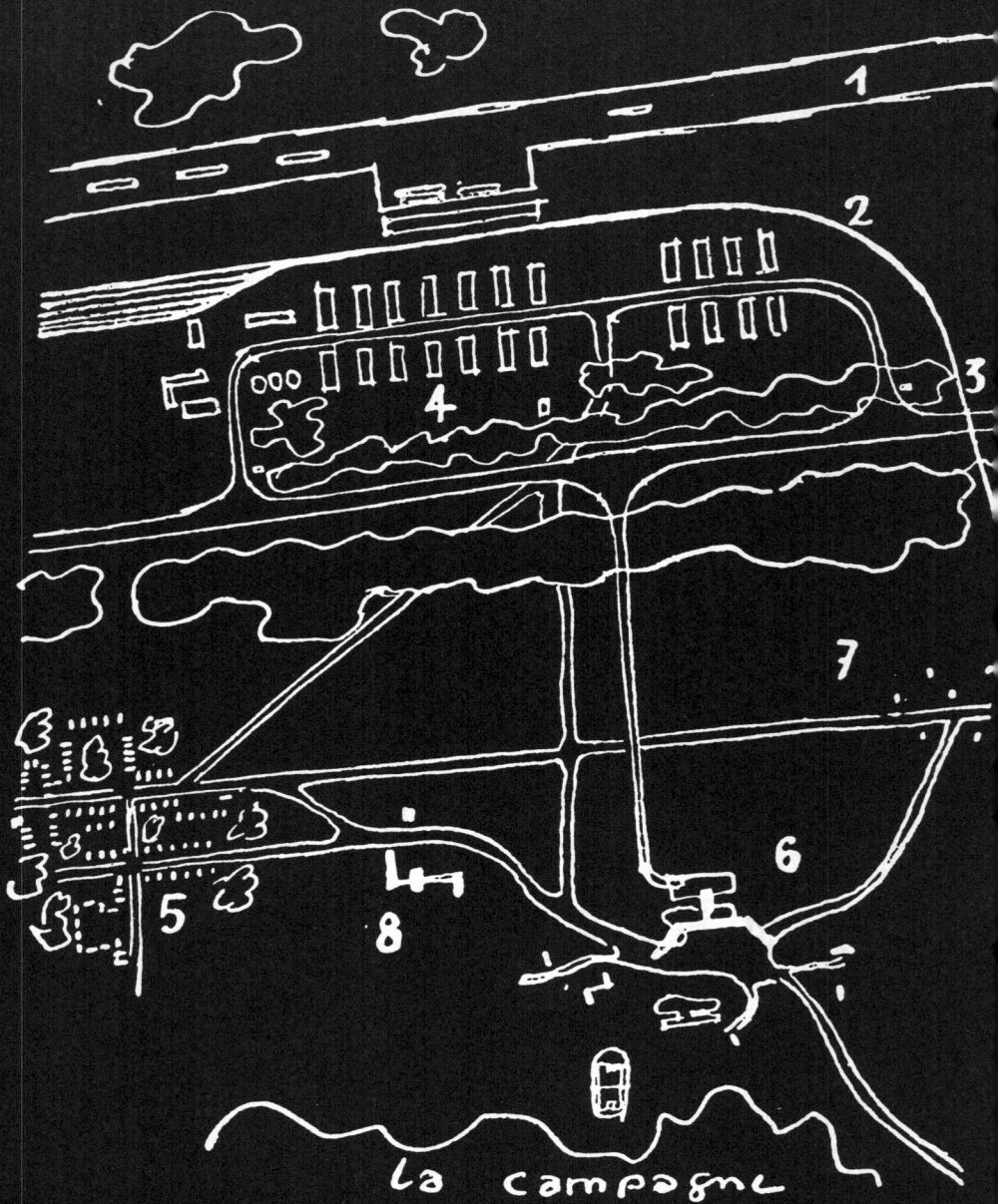

la campagne

线性工业城市

工业单元

根据地形地貌展开的道路网络深深嵌入乡村地区的广袤大地中，而跨越千百年来，它们的命运就成为关于历史的一个直接函数。道路延伸进入的地方似乎是命中注定的，长久以来这一切都由人、马匹和马车的行进情况决定。事实上，道路跟随水流的下落进入山谷。在某些地方出现了两条或者更多的道路相交会。这里因而成名，成为集散的中心。正是在这些道路的交会地上建设起了各种城市——市镇、首位城镇、城镇、首都等。当道路在海边终止，交通网络将通过海路航线继续延续，而这里就成为一个特殊的商业交换中心。

在这些交换中心之间是否存在某个预定的间隔距离呢？可能这些距离标示出由交通方式的效率确定的合理接替行程。

从地面上很容易辨识出这些道路的结构形式，它们都受到来自自然地形的限制——包括平原、斜坡和山川。沿着一条道路前行，每隔3、4、6或8公里总是可以看到一个村庄。如果出现了大规模的市镇，就意味着这一线性系统已经刚刚被打破，而打破它的是另一条外来的穿越性的道路……

你可以追随其中一条道路的命运走下去。它延续不断，尽可能向前伸展，即使遇到行政边界也毅然跨越。跨越之后，继续前行！它们通往有生命存在或者有生命存在可能性的地方，并让生命得到永续和增强。道路，可能是人类拥有的第一项工具。

而且，它来自如此遥远的地方，因而在布局上需要充分的远见和敏锐的洞察力，需要来自各个国家、各家各户的认同，可以说，这无疑代表了人类最伟大的创造。

这不仅是一条服务于旅客交通的道路，更包括货物的运输。在史前社会，就已经出现了联系欧洲、非洲与中国的通道。以后的年代中，这一交通网络不断保持着延续和更新。

无可否认，这些线性发展的历史现象具有重要价值，而在当前机器文明下工作成为一种组织形式时，更应对其进行充分的利用。

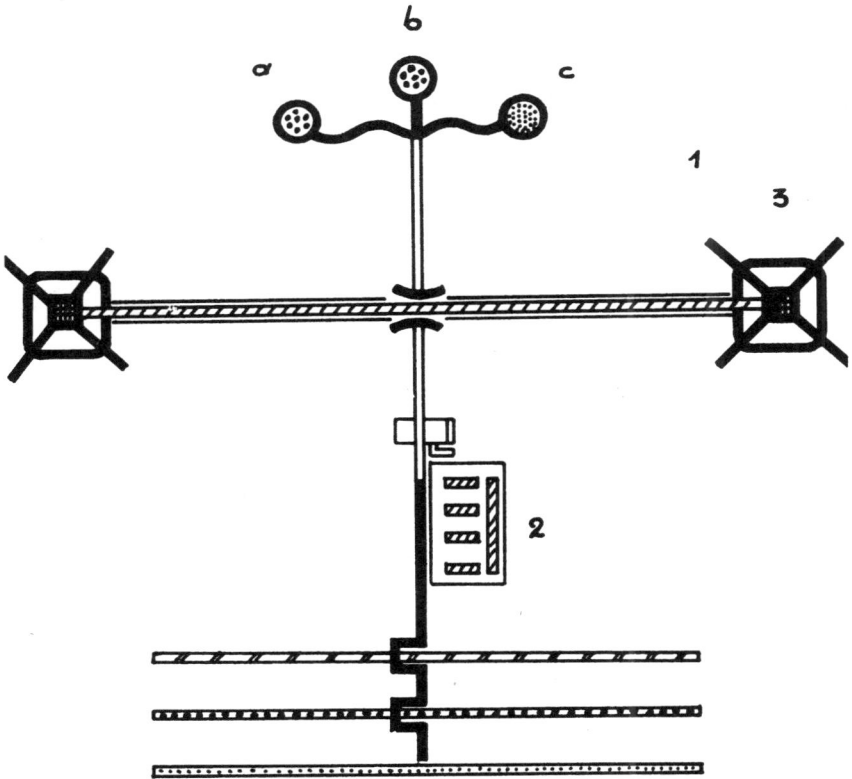

线性工业城市：一个拥有"适宜规模"的单元

1. 居住场所　　　　　　　　（a）水平展开的田园城市

2. 工作场所　　　　　　　　（b）垂直展开的田园城市

3. 提高自我修养的场所　　　（c）居住的扩展部分

这些道路成为运输货物的场所。这里说的货物包括原材料和制成品。

考虑到单中心放射状工业城市形态的破灭，取而代之的应是试图寻找一种适合工业城市的生态形式。因而，去认识、设计和保留那些容纳原材料和制成品通过的场所，成为首要的产出行动。

工业的称谓只能安排在一个标题之下。不过，我们可以将其分为以下四种类型：

类型1："基础工业"通过原材料的开发或提炼，再经由加工制造业变为有用之物，从而能成为现代工业的基础。

这些基础工业特别指采矿，采石业（石料、矿石、煤、水力等）。

类型2："重点工业"，或加工制造业，将成型的产品运送到所有行业部门实现完工，即重工业。

类型3："精饰工业"，通过生产、加工完成的产品能够直接被使用。特别指制造业。

类型4："辅助或服务型工业"，包括维护和修理产品和服务设施。这里指技术性行业。

基础工业或采矿业，顾名思义，一般布置在产地。

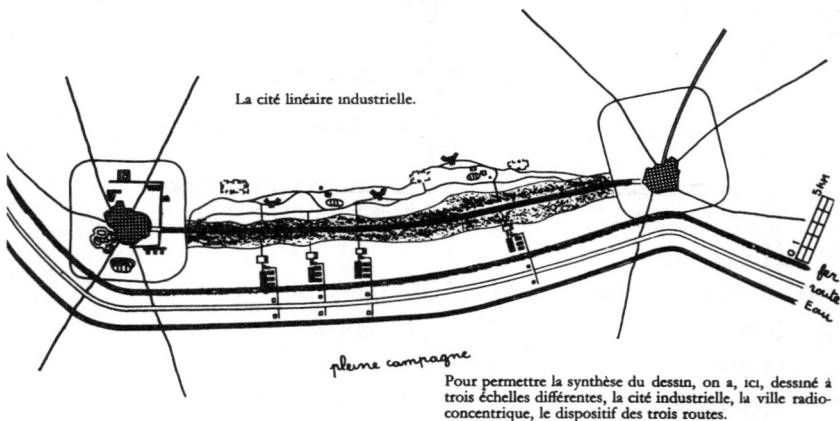

La cité linéaire industrielle.

pleine campagne

Pour permettre la synthèse du dessin, on a, ici, dessiné á trois échelles différentes, la cité industrielle, la ville radio-concentrique, le dispositif des trois routes.

La cité linéaire industrielle／线性工业城市／／pleine campagne／开放的乡村／／fer／铁路／／route／道路／／eau／水路／／Pour permettre la synthèse du dessin, on a, ici, dessiné a trois échelles différentes, la cité industrielle, la ville radioconcentrique, le dispositif des trois routes／为了综合图示，这里分别用三种不同的比例尺来描绘工业城市、单中心放谢状城市，以及三种通道的布局

重点工业或加工业,可以布置在上述加工区附近,或沿客运或货运道路布置。

辅助或服务型工业应设置在消费区域内,在那里它们的存在必不可少。

精饰工业制成品——将特别沿以下三种通道布置:水路、铁路和地面交通。

当上述工业沿着上述通道布置时,将自然形成一种线性城市的形态。

因此,线性城市的发展轨迹将依循自然的地理形态。它从何处开始?又向何处延伸?这些暂且都不重要。线性城市的布局原则是线性排列而非四处散布。如今,在那些社会灾害因为战争危机而进一步加剧的地方,这一根本性的原则已经促使企业主们开始设想消除当前工业在乡村地区无序蔓延的现象。与之相反的是,线性工业城市能够保留大量纯粹的农民,并且在农业和工业、农村生活和工厂生活、产业工人和农民,以及清洁、富有生机的乡村地区与光辉、乐观的、散射出秩序、紧凑和美感的工业之间建立起更为亲密的联系。此外,它还与那些数世纪之前就已注定发展的单中心交换型城市之间关系密切。在那里,乡村腹地将被腾空,如同入海口一样,而与之相反,道路将跨越边界,有时甚至打断线性城市的前进步伐,为远近地区带来物资的交换,为广大地区提供商品或思想的补给。就这样,单中心的城市与工业城市之间相互联系,并保持一种特有的紧张压力,不尽相同却又互为补充。前者往往拥有皇家或罗马人修建的道路而出身显赫,然而却因有时候铁路线弃之绕道别处而变得萧条。后者不仅能带来其他补充性的价值,还会将一股新的能量注入两者之中。尤其,当前者(例如巴黎、里昂)成为思想和传统力量的中心地时,它还将带来无以估量的巨大精神力量。可以预见,这两类城市的相遇,将因其迥异的发展原则而出现剧烈的冲突。

如果我们不注意的话,将可能出现勾结、竞争和对抗。我们必须阻止工业城市对单中心城市的入侵,甚至连接近也不允许:因而需要在老城周围划定一片保护区,由开放的乡村地带、草地和森林构成。保护区就在这个环境交换型城市的绿色保护带中,这些城市有的提供机械技术及其快速发展成果,有的则提供较稳固的东西,包括半永恒的、久经考虑过、使用过或实验过的东西。经过净化的单中心放射状城市,在将其周边广袤的郊区被剥离之后,将从其历经数百年的制度体系中获益。

至于线性工业城市的基本构成要素和生态环境是否经过精心设计和均衡配置，这一点尚有待证明。

任何生物有机体都存在一个规模的问题，以保障其始终处于最佳的状态。一个工业机构也就是一个生命体。工业城市中各个机构将决定、承认和采用适宜的规模标准，然后确定基本的组织规则以应对各种情况。自相矛盾的流通系统，或是非理性的衔接状态所带来的混乱局面，将被严厉禁止。由此，工业机构将拥有自身的生态系统。

系统的具体构成如下：

（A）系统的关键在于三条输入原材料和输出产品的通道：水路、陆路和铁路。

这些通道的设置，并不是对于现有道路网络最终或偶然的适应。工业城市的输入和输出网络应同时作为一个整体创建，三条通道尽可能实现同步延伸。它们依循水路、陆路和铁路的顺序建设，允许每条通道都根据自身的特性设置，如装载和卸载设备，分支路线，湿船坞，高架或下层通道，电梯或运输桥梁等，所有的要素共同构成了它们建设的重要原则。

在各个工业机构的内部，将形成这样的流通系统：原材料处理（包括储存和分配），连续的加工过程，制成品的储存和装载，所有的过程一气呵成，没有中断或返工。

货物（原材料或制成品）的运输只有一个入口和一个出口，并且这些出入口将与水路、陆路和铁路相连。

结果是，三条通道布置在线性城市的某个侧面，城市建设将沿这些通道的一侧展开。通道中应该设置专门的免费通道，并且不能服务于其他用途。如果工业建筑分散布置在道路的两侧，那么通道将永远处于一种被打断的状态。

（B）人员的入口应该设置在另一侧——那里紧邻广阔的乡村地区。

一条道路仅供所有建筑内工作人员的通行使用。

在建筑物入口处设置停车场（自行车、摩托车和小汽车）。

用于人员通道的那条道路与居住区相连，限定出农业区域的范围，并通过保护区（树木或草木）与工厂相隔离。道路以高架桥或地下通道的形式，穿越作为城市纵向轴线的多车道高速公路。不过，大部分的工人将利用专为其保留的通道步行上班。

在入口空地上布置有行政大楼，入口向雇员和参观者开放。这里还有社会服务大楼。最后，如果空间足够的话还设有食堂。

空地的另一处，设置有进入工厂的入口和检查处。

（C）生产大楼和仓库根据它们的特定功能采取不同的建筑形式，并依据加工流程有序布置。

整栋建筑在地面层与一条运送制造材料和制成品的通道相连。这条通道的使用功能受到严格限制，不能有其他附加或延伸部分。由此形成一条环路，从三条并行的通道中接出，并最终回到那里。

另一方面，所有的建筑都共同享用这条人员专用通道。通道设于地面上方，采取完全开敞或封闭式桥梁的形式，并可以像树木分杈一样设有支路，它始于检查处，中止于衣帽间和盥洗室，然后马上与车间和机器相连。对于人员的返回同样保留有类似的环路，并且与材料和产品的运输网络之间保持隔离状态。

最后，需要强调的是，这一决定性的改革的所有重要性都体现在，线性城市中的每个工业机构都可以也应该被设想和建设成为一个"绿色工厂"。

这意味着，三条交通通道的周边地区或者仍然保留着乡村特色，或者已经被改造；高速公路应学习"公园道路"的形式，即保证有良好的乡村景致；各个建筑之间的间距应保持均衡设置，展现出丰富多彩的乡村景观，或是绿树草地装点下的城市景观，同时建筑物自身应该保持一种崇高的、兄弟般的、友好的姿态。宽阔的玻璃窗朝向乡村的方向开启，同时又不会影响到室内的正常活动，并且应该像爱惜自己家里一样对这些玻璃予以精心维护。

上面所描述的是线性工业城市的构成形式。它将依托巨大的工作轨道，致力于服务城市规划的三大基本功能：居住、工作，以及身心的培养。所有的一切在两种节奏下显得生机勃勃：每日的和间歇性的。

为了对上述三种功能进行回应，接下来将对以下布局形式进行具体分析：

— 绿色工厂；

— 4 公里/小时，居住和恢复（每日的）；

— 100 公里/小时，素质提升（间歇性的）。

Un établissement
industriel de gran-
deur conforme
(manufacture de
meubles).

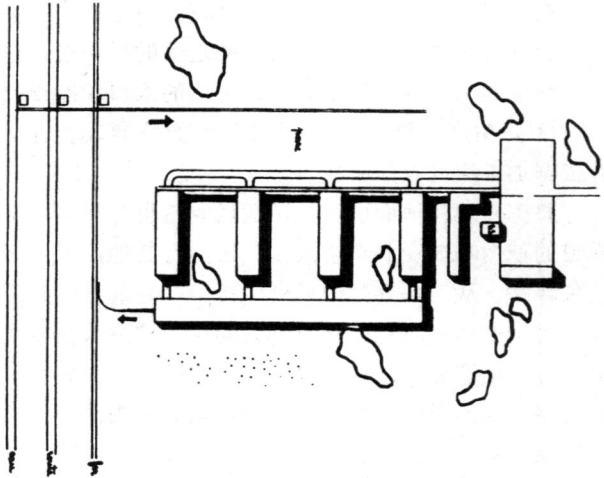

Un établissement de
grandeur conforme (un
grand moulin).

1 Parquement vélos,
  motos, autos.
2 Administration.
3 Services sociaux

4 Réfectoires.
5 Pointage.
6 Les ateliers, etc.
7 Le transbordeur

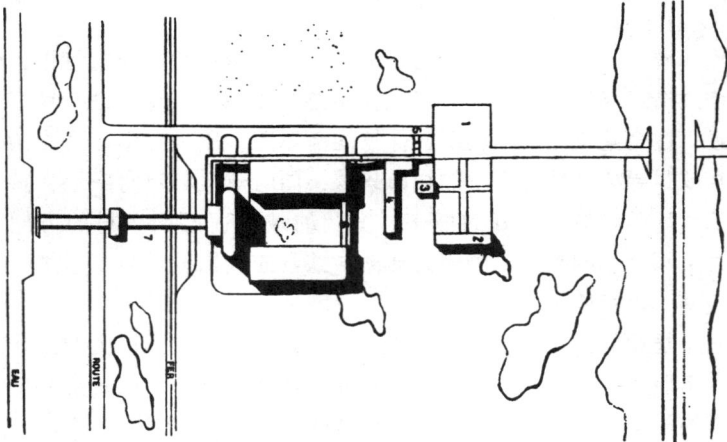

Un établissement industriel de grandeur conforme（manufacture de meubles）/一栋规模适宜
的工业建筑（制造业功能）//Un établissement de grandeur conforme（un grand moulin）/
一栋大（小）规模适宜的建筑//1 Parquement vélos，motos，autos/1.自行车、摩托
车和小汽车停车场//2 Administration/2.行政大楼//3 Services sociaux/3.社会服务
大楼//4 Réfectoires/4.食堂//5 Pointage/5.检查处//6 Les ateliers，etc/6.车间等
//7 Le transbordeur/7.天桥

绿色工厂

我们机器文明下的工厂是一个庞大的产品制造机构。在这里，一级和二级原材料被加工和转化。机器成为主人，它拥有无穷无尽的比人类双手更大的能量、速度和精确性。金属、糊膏、纤维、液体、气体被加以处理或进行组合。噪声，甚至是喧嚣，振动、尘土、气味或是恶臭，有时再加上火焰、高温、烟雾和蒸汽，共同营造出一个恶魔般的环境。

光线从屋顶或者大天窗中照射进来，但同时也伴随不同季节带来严寒或酷暑。

机器将人们的各种姿态加以放大经常像在做鬼脸，压碎、捏练、撞击、碾平、拉伸、吹气、锤打。有时候是迟钝的大家伙，硕大的榔头，巨大的压力机，有时候又拥有毒蛇、快马或闪电般的可怕疾速。到处散布着奇异古怪或狂乱不羁的机器部件，做出各种令人烦躁不安的行动。地板、墙面和屋顶上，尘土和垃圾四处飞扬。

在某种观点看来，现代工作被视为一项沉重的苦行，旨在为自己无意识的行动赎罪。但不管怎样，都需要让那些投身工作的人们感受到工作的伟大和美好。

如果所有事物都需要在社会层面进行组织，那么为了实现关于工作权利和职责的正确诠释，建构者应该立刻着手生产场地的布置，包括土地的利用、乡村地区的保护、工业城市及其结构以及交换场所的布局。

特别在关于工业的考虑中，应该用"绿色工厂"取代那些早期机器时代修建的所谓"黑色工厂"的工厂建筑。

这样将在工作场所周围重新构建起"自然的环境"。阳光、空间和草地，将为这片区域，同样也包括住宅区，带来宇宙的影响、对于呼吸的回应、新鲜的空气，以及所有这些自然环境的包围，它们共同且时刻支配着人类的发展和进化历程。

上述意图也许是冒失的。那么，是否真的需要，甚至是有可能，通过精心周密的安排，在日常操劳的艰苦生活中发挥娱乐因素的作用，以图在现代工作难以摆脱的紧张局面中注入尚不存在的缓解成分，注入生活乐趣？实际上，问题在于，一个人生命中最重要的时期，也是最多的光阴往

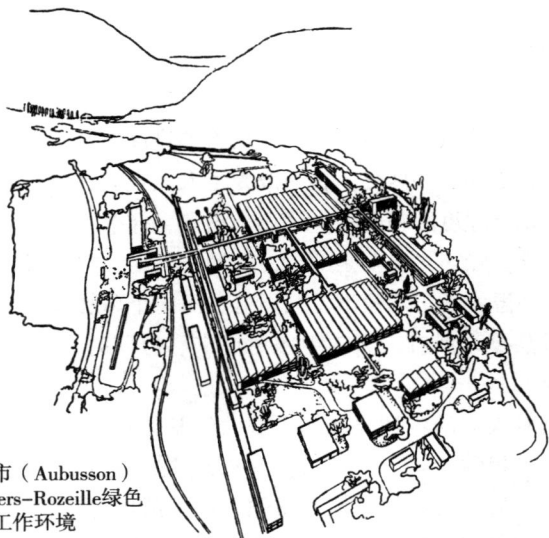

位于奥布松市（Aubusson）
附近的Moutiers-Rozeille绿色
工厂。新的工作环境

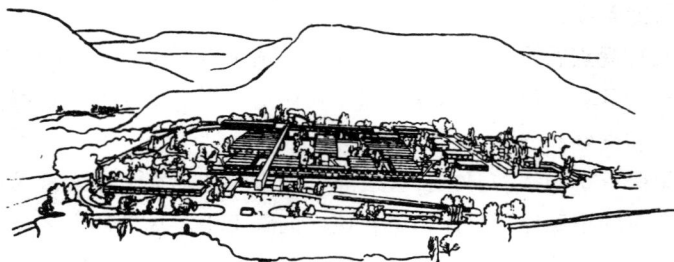

往奉献给了日复一日的工作，这其间的心态需要进行根本的转变，从悔罪的心理变为一种勇敢的欢愉。这成为机器文明不可推卸的重要任务。

当居住通过关键性调整，重新回到其自然状态时，而工作却相反，不花任何代价，也能一样做到。

这里，我们将介绍一座战争期间修建的大工厂。它于1940年为了军备目的在很短时期内建成，但不幸的是在6月的战败后被迫停工。国防部长拉乌尔道特里（Raoul Dautry）先生（他于六年后下令在马赛修建"一处规模适当的居住单元"）表达了这样的愿望：应该特别注意这些计划的详细安排，并且显示出建成后最终作为试验性工业工厂的意图。

今天，大部分的工业机构都显示出某种混乱的特征，扰乱了运行的自然秩序。可以针对这个问题制定一项规范，使得各项事物在时间和空间的组织上获得协调与一致。而正是链条的出现，为制造业生产加入了这样的一项整合所有程序的秩序规范。

这种严密工作组织下的严格秩序，自身将构筑起绿色工厂的框架。但同时，这种组织模式也声称能够将一种重要的道德因素引入物质性的锻炼之中，即生活的乐趣。

混乱造成的暴政随时都可能出现，建筑物或通道的不合适布局都可能成为诱因。例如，公路、街道、广场、小径等出现连续性被打破，或布置不合时宜等问题，原因只是来自各种借口，或者是为了步行的方便，或者是为了商品或材料的不必要的运输，或者是某个临时性的仓库很快变成了各种剩余物（如破烂的轮子、横梁或过梁、陈旧的机器部件等）的永久储藏地。所有要保留下来的物品四处散落在建筑物底部、草地，以及沥青或砂质的路面上。

为了避免这种混乱局面，只需要禁止人们使用（交通的问题）那些宣称空置的场地（建筑物布局的问题）。

宣称场地空置，是为了不让任何人或物品使用或占用那里。这些场地将用于非生产制造类的活动，上面将修建建筑物和进行景观布置。从而保障人们在这样一个经过精心保留、设计和装饰的环境中进行工作，欣赏在草地、植栽、树木和蓝天装点下的令人愉悦、和谐的建筑景观。

制造工艺的运行秩序可以依照一个连续的线性过程展开，运输路径呈单向延伸，而避免各种可能的回流情况。这条紧硬平坦的水泥路穿过厂区和绿地，只让电力或其他货车通行，它们把产品从原材料接收站、储藏库、生产车间和加工大厅运送到成品仓库和卸货站台。这条通道将各个建筑物相互连接，到了车间内部它以分支道路的形式服务于各台机器。所有的生产程序都在地面上完成，只有运输材料的工人才在这条通道上工作。

那么，哪条道路是给工人们使用的呢？尤其是，工人们将从哪里来呢？

他们将从自己的住宅出发，由一条道路直接到达工厂的大门前。他们又将去往何处呢？最终是到达停放自行车、摩托车和小汽车的车库，来到工厂的门口，然后迅速奔赴工作地点。也就是说，每个人经过衣帽间和盥洗室后，到达他工作的机器旁边。

一天的工作结束后，工人们将按原路返回。一天之中，他们中的某些人可能会被召唤到行政中心，或者去社会服务处（接受援助、医疗等服务）。无论在工厂内外，他们都不需要去考虑这些事情。

上面所描绘的行程，再现了一个有机体内部紧张的循环过程。它的外表形式如同拥有分支的树干一样，作为一种经济的节能模式，是适度的、简明的和精确的。我们已经远离了传统工厂中常见的网格状布局的循环模式——材料、产品、工人、员工和管理者混作一团。

对于工业机构而言，我们分析了三种计划方案（一个为军备厂），有助于我们阐释绿色工厂的理论。

原材料的运输线路

让我们首先回忆一下制造业的重要性。

工厂中需要使用以下三种原材料：铅、黄铜和钢。钢主要用于工具的制造。其他的易爆品储存在一个远离工厂的火药仓库中，并间或以小分量运送到工厂中。

钢、铅和黄铜通过铁路运输并在 A. P. L 卸载和称重。混凝土道路从这里一直延伸到 P1，到位于 A1 和 L1 的铅库，以及到存放钢和黄铜的仓库。然后通过分支道路从 P2 进入制造车间，从 A2 进入铬处理车间、精密仪器车间和机械车间，从 L2 进入其他制造车间。之后，道路继续沿 P3 和 L3 延伸至装载产品、装贴标签和成品包装的车间。最后，在面向铁路装载站台开放的储藏间 P4 和 L4 处终止。

这条混凝土道路上将运行电力货车，除了司机外，不得为其他任何人所使用。

道路铺设在草地中间，坚实紧密的路面上不会有任何杂草长出。

员工的通行线路

3500 名工人，无论男女，每天都通过道路来到工厂。

VM 代表车库。

P 是受控的入口。S 是进入社会服务大楼（社会援助、医疗看护和食堂）的入口。位于 P 的对面。

从这里开始，地面高程朝向河流逐渐降低，道路则继续保持水平，与地面相脱离。

由此，道路成为一座高架于各车间之上的桥梁。其四周由墙壁和顶棚包围，呈方形管道状。

在"V"点，桥梁开始分叉，并通过楼梯与装载车间的衣帽间相连。在 V1 有楼梯与机械车间相连，在 V2 通往厂房，在 V3 则是行政大楼。

可以说，在人们需要通行的所有场所都提供了照明、供水和供热的服务。因而，桥梁同时也成为输送照明、水和热力管道的庇护所。这些管道在桥梁顶棚下方并列设置，明显而且方便接近。为了更好地发挥功

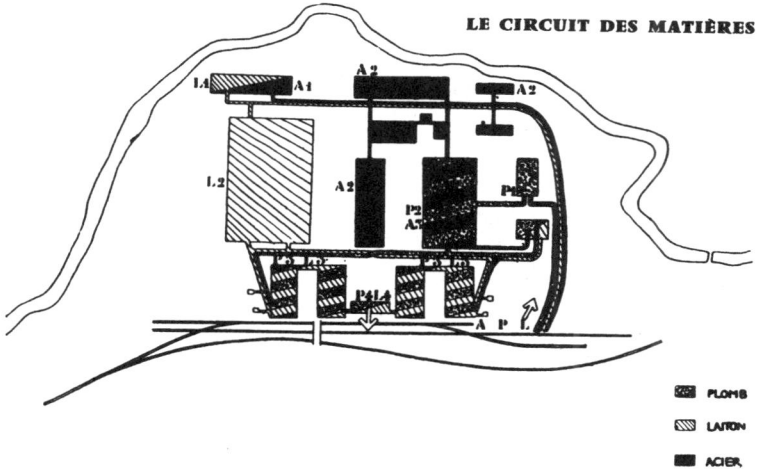

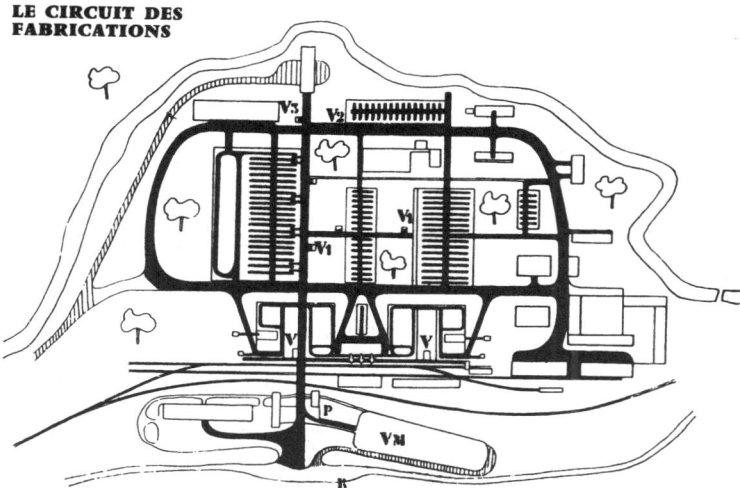

LE CIRCUIT DES MATIÈRES/材料的运输路线 // LE CIRCUIT DES FABRICA-TIONS/制造业的运行路线 // PLOMB/铅 // LATON/黄铜 // ACIER/钢

能，它们还将依据最经济的路线布置。

衣帽间设置在一二层之间的夹层，从此往下，员工可以到达地面层的盥洗室，这里设有很多大门与车间相连。

图中，员工用的道路用黑粗线表示。

电力货车的通道用虚线表示。

用阴影线描绘的部分则表示为行政大楼提供服务的机动车道和停车场。

这些通行系统代表了最为严格的经济体系。它们的产生，源自一种由内至外的纪律，也正是生命的主题。

总体布局

建筑物的规划布局是依据场地和制造业工艺的要求而定，建筑物的形式、规模则通常根据其使用功能确定。通过适宜的设计，车间里光线充足而且分布规则。

但在某些地方，将精心设计一些竖形窗（这里阳光不会妨碍工作），朝向那些经过精心保留或安排的乡村景致打开。建筑物之间的空间将与广阔的天空和远景共同组成一个和谐的整体。窗户下面是草地，俯瞰乡村美景：原有树木将被保留，与新种植的树木一起共同装饰这片场所。

桥梁通道的一面墙上将全部装上透明玻璃。

行政大楼朝向河流的一面共有 3 层高。

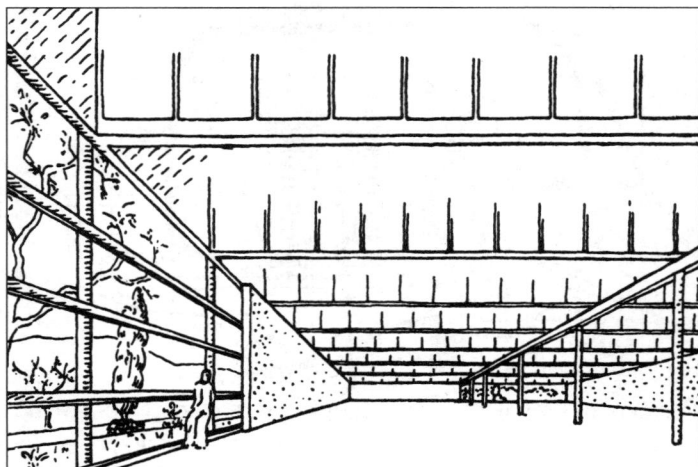

以上就是绿色工厂的一个良好典范,它可以作为线性工业城市的建设指导。

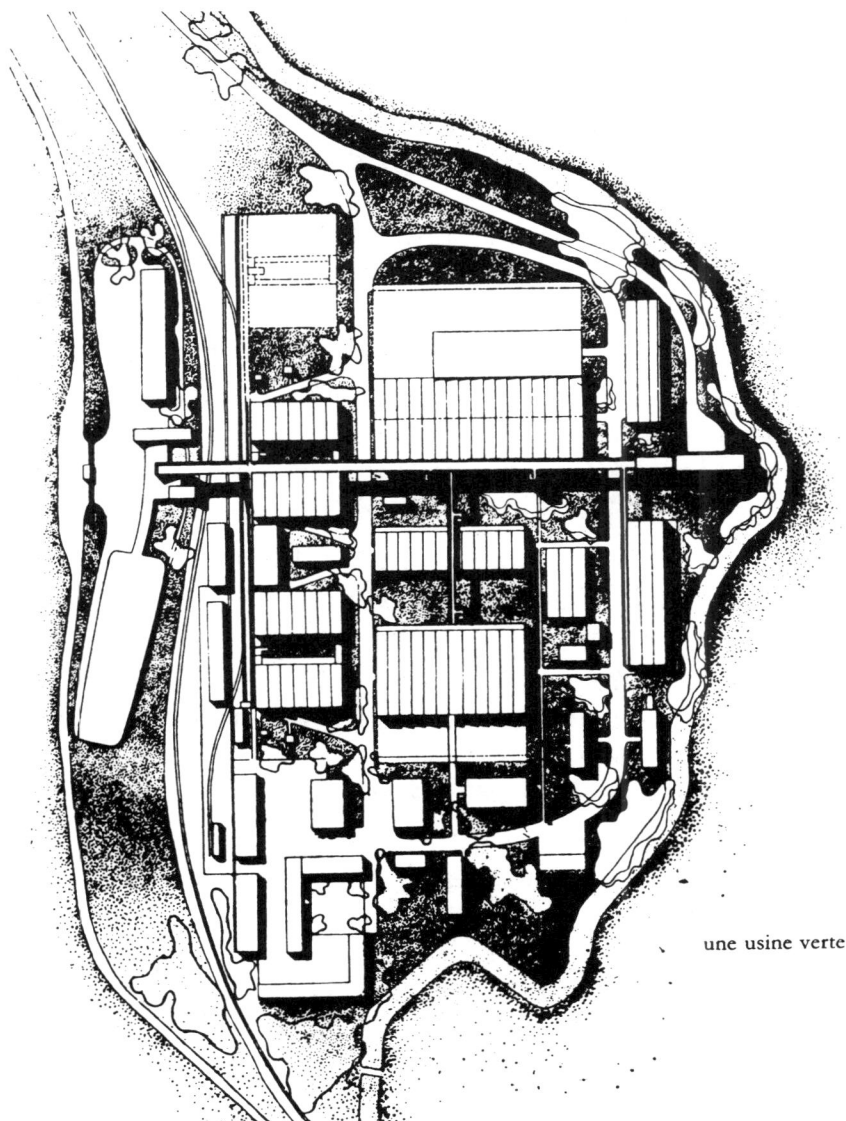

une usine verte

une usine verte／一座绿色工厂

4 公里外获得恢复的住宅

庞大的单中心放射状城镇与 24 小时太阳日展开了一场疯狂的赛跑。如果将一个人的一天视为（不考虑当前的各种障碍）他的发现、食物、衣服、住宅以及各种通过学习或娱乐以点缀其生活的机会的组成，那么你将会感到惊讶和焦虑。这一天可以分为四个阶段：在住宅的停留阶段；一天 1 至 2 次往返于工作的各种交通出行阶段；在会议室、俱乐部、剧院、电影院、咖啡馆等场所的休闲活动阶段；以及在道路、林荫大道、公园的散步，或是在博物馆、图书馆、展览馆、学校等地方的学习活动阶段。

这套术语相当于把多样化的社会生活安排进行了重新组织，不过大部分的工人尽管在过去几十年间一直努力工作，却仍然缺乏必需的工作技能或至今也没有从教育中受益，而没有这些一切都将毫无效果。对于这大部分人而言，真实生活的一天被分割成以下部分：在住宅中度过的时光，因为住宅的规模、位置或组织的问题而难以享受到正常的快乐家庭生活；早晚在交通出行中的时光，包括在公共汽车、地铁、电车、火车中，在此之前或之后往往是在烈日下或寒冬里的漫长步行，沿途景色全无；通常充满沮丧的工作时间，在这里（车间、工厂等）四处笼罩着一种憎恶的情绪，令人难以忍受的嘈杂、尘土、不舒适的温度进一步渲染了这种压抑、沉闷的环境，灰暗的墙壁，肮脏而且破碎的窗户，窗外毫无景致可言，或者是混乱的城市景象，或者是被烟尘熏黑的乡村天空；最后，是在咖啡馆或电影院中打发的各种时间。

到了晚上，绝望的人们回家睡觉，对他们说来，这一天当然失去了和谐，而正是通过和谐，男人、女人、儿童感到生活的美好而会心微笑。生命实际上变得愚蠢，有时甚至残忍。这是因为我们还没有办法，为人类提供一个光辉的发展区域。

这里存在一个问题，与建筑设计、城镇规划、容器以及运输线路的设计有关。

下面我们专门围绕居住以及由此展开的交通系统（持续时间和行程）进行探讨。

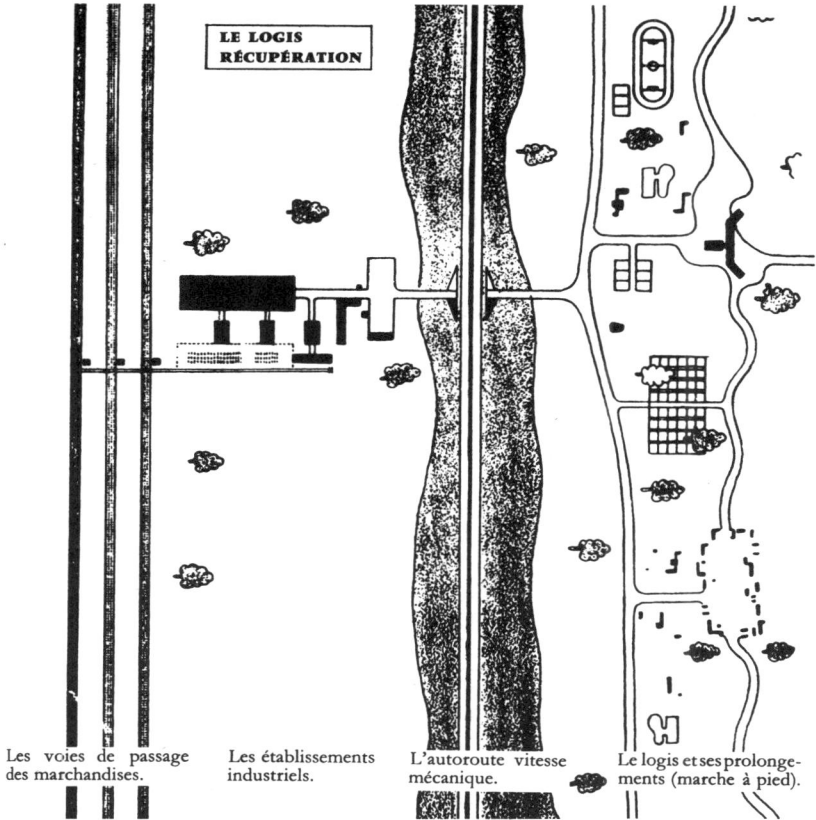

Les voies de passage des marchandises.　　Les établissements industriels.　　L'autoroute vitesse mécanique.　　Le logis et ses prolongements (marche à pied).

LE LOGIS RÉCUPÉRATION／用于恢复的住宅／／Les voies de passage des marchandises／货物运输通道／／Les établissements industriels／工业机构／／L'autoroute vitesse mécanique／高速公路／／Le logis et ses prolongements（marche à pied）／居住区及其扩展区（步行方式）

　　有一种特殊的观点将当前的工作组织形式曲解为工作人口的"流浪"。流浪，使得家庭处于不稳定状态，自然发展受到威胁，并且激发一种持续的不确定和不安全的感觉。现代人发明了机器，旨在将自己从最艰辛的工作中解脱出来，致力于创造各种有用的新事物。然而，他们却发现连自身最基本的安全感也被剥夺了，而这种安全感是自古至今社会发展的坚实基础，包括永恒的家庭、熟悉的上班的道路、确定的工作场所。日常功能自然秩序的瓦解，难道不是意味着这场巨大的机械革命过程中一次暂时的失败么？研究者们致力于单纯工资数目的增长，并且通常只停留在抽象的概念研究层面，然而前面提到的这种苦恼却已经成为人们每天都必须面对的灾难，那么，难道我们不应该去研究如何通过合理布置他们的庇护设施而改善生活的组成要素么？加强工人与工业产品的联系，不应只是一幅抽象的图画，而应成为稳定、健康、平衡的生活现实，让他们无论在家里家外，甚至每天走在小路上时都充满愉悦。当然，这一天正在到来，不同层次的生产人员随同所有的生产组成要素将变为一个整体：这个综合体始于原材料和制成品的到达，然后进入工厂，再然后走上回家道路及其延长线。

正是线性工业城市的布局，通过明智的土地利用，将终止这种流浪状态。

下面将围绕"时间的利用"这一线索进行具体阐释。

首先，每日的安排包括：工作，从住宅到工厂或到学校接小孩的行程，日常体育活动，步行。所有的活动都是根据人的步行节奏进行。

下面的方案包含了这些活动安排：

（a）居住在村舍中的家庭散布于水平展开的花园城市中。

（b）家庭住宅集中叠合在一个类似街区的建筑单元中——垂直展开的田园城市。

（c）横向的道路实现与工厂的联系。

（d）住宅与公共服务之间有道路相联系（可通行机动车）。

（e）用于步行和联系的小路（禁止机动车通行）。

（f）绿色保护区将居住区与工厂相隔离（其中还设有纵向多车道高速公路）。

（g）位于居住区之外的"公共服务"区，包括托儿所[1]、幼儿园、小学、电影院、图书馆、青少年俱乐部、各种日常体育设施（足球、网球、赛跑、步行、游泳等）、幼儿活动操场、私家花园、花卉园地、果园或菜园。

住宅的形式由一个容器及其外部扩展部分组成。

容器指为单身、夫妻或有儿童的家庭提供的公寓，提供睡觉、洗漱、吃饭和休息的功能。

1　在 Nantes-Rezé 的马赛公寓中，托儿所成为居住单元中的组成部分。

容器实现了家庭住宅各要素在建筑物内部的组合布局。

住宅的扩展部分包括：各年龄群体的日常体育活动（步行和赛跑、游泳、各种球类比赛、日光浴和水疗法），体育课程，医疗卫生服务，食品供应和家庭服务。

在刚刚过去的半个世纪里，人们在世界各地的城镇郊区地带建设田园城市，试图重返自然环境的怀抱。这项努力拥有一个公正无私的开始，却没能实现最终的目标，原因是即使已经取得了巨大、广泛的推广效应，但实际结果却是，这种城市环境的去自然化过程使得城镇发展陷入僵局。

这时，垂直式的田园城市作为一种新的发展模式出现了。它被认为能够实现同样的目标，而且似乎能够解决这一危机：

上述两种方案都是试图实现人们对于自然的呼唤：对于阳光、空间和绿地的向往。技术的发展带来了新的途径：铁路的出现。人们远离城镇奔向绿洲，那里有令人愉悦的大自然、田野、树林……但一旦每个人都开始修建自己的村舍，田野和树林将不复存在。曾经梦想的平静和独处消失了，取而代之的却是瞬间涌来的混杂的邻居。然而，这仅仅只是第一个令人失望的因素。投机商、地产商和市政工程建设承包商策动的慈善宣传活动，夹藏着巨大的私人利益，将广大的劳动民众引向这个诱人的冒险活动。另一方面，还有一种强大的愿望要求将人们像尘土一般向外驱散，因为劳动民众如果聚集在城镇中心并可能迅速发现机械化工作的真实方式，从而认识到真相和解决劳动问题的途径，这将是一件危险的事情。由此，他们发现了一个机会，就是将太阳日分裂为若干相距甚远的片段。而这一办法也成为现实。

有远见和无私的城市规划技术人员，见证了一项原则的长久的瓦解，而这项原则似乎有着最坚实的假设基础：那就是去寻找可用的环境。首先是铁路的疯狂修建，继而地下道路（地铁、管道、地道等）进入大力扩张时期，然后是环状和辐射状道路；道路建设的跟进，带来公共汽车、长途客车和私人小汽车的发展。铁路线带来城镇的分散式布局，而浪费成为其最致命的后果——时间、精力、金钱和工作（作为一种现代奴隶制形式）的巨大浪费。技术进步带来的诱惑，恰恰迎合了人口外溢的发展趋势。

恰好一项新的技术得以应用，并证实了自己的价值，那就是垂直性建筑的修建，及其通过机械化垂直循环系统实现的良好配套。由此，在建筑史中呈现出新的一页——也是一个突然展现在城镇规划人员面前的建筑事实。征服自然环境的强烈愿望终于在这里找到了解决方案，并且有利于人类利益的实现，同时减少代价，24小时太阳日变得和谐。垂直的田园城市取代了水平的田园城市。

让我们看看这是如何实现的：

家庭的居住单元，采取两层楼的别墅形式。这些别墅并列排开上下叠置，之间保持隔声效果，共同组成一种新的紧凑的聚合体形式。传统铺设在地面层的道路，如今修建在建筑物内部，并以极其简化的形式上下错落设置。由此，一栋巨大的建筑物拔地而起，垂直展开，将一座水平式田园城市中的所有内容囊括在内。这就是垂直的田园城市。它的前后与四周都为大自然所环抱，头顶是巨大的天空穹顶，脚下是无边无际的大地，设置有开放式的公园和体育场所，以及穿越田野、草地和树丛的纵横交错的步行小路。从此之后，铁路、小汽车、公共汽车和地铁将变得毫无价值，垂直的交通系统成功地将通行距离压缩在50米之内。

除此之外，还有上千种其他变化：例如，能够将庞大的"公共服务"体系进行组织，其中最重要的一项是，烹饪和家庭服务最终将大量的家庭妇女从沉重乏味的家务工作中解脱出来；优生学和儿童福利将确保种族的繁衍和儿童养育；每日身心的休闲活动能激发精力和带来健康；最后，重要的是有助于消除浪费（服务、交通、时间等方面的浪费）。这种新的向高空拓展、辅以垂直循环系统的建筑技术，将缓解分散式建设和无穷无尽的水平式循环活动所带来的灾难。

这种新模式本身具有原则性效力，它富于各种有用的变异形式，将适用于单中心放射状城镇及线性城市。应用在线性城市中时，无论如何它都是集中设置，可以采用水平或垂直的田园城市形式。考虑到任何事物都不可能瞬间完成，而且生活习惯的转变通常是一个缓慢的过程。因此，将为人们提供居住模式的选择方案，可以是建设在地面上的小型家庭住宅，也可以是架设于地面上的住宅形式。此外，人们的认知要素通常来自真实的体验，因而需要用合适的情景描述来取代虚幻的询问。例

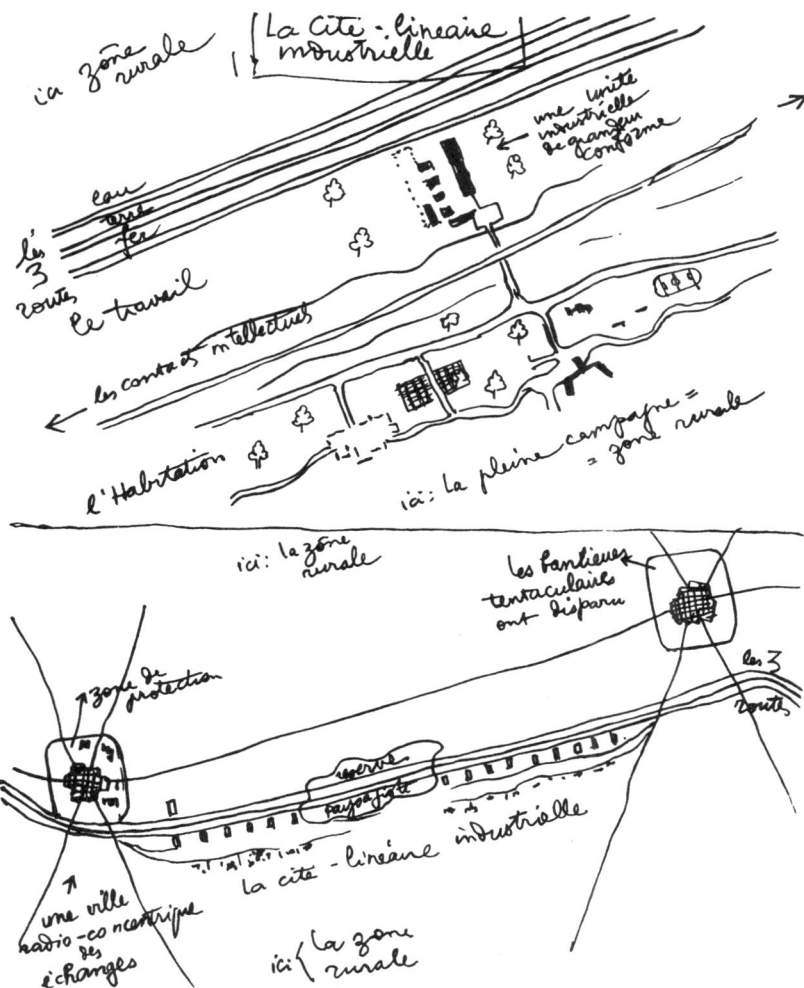

La zone rurale／乡村∥La cité linéaire industrielle／线性工业城市∥Les 3 routes／3 种通道∥eau／
水路∥terre／陆路∥fer／铁路∥Le travail／工作场所∥Une unité industrielle de grandeur con-
forme／拥有适宜规模的工业生产单元∥Les contacts intellectuels／智力接触∥L'habitation／住
宅∥Ici：la pleine campagne = zone rurale／这里：开放的乡村地带∥Ici：la zône rurale／这里：
乡村地区∥Zone de protection／保护区∥Les banlieues tentaculaires ont disparu／触须状的郊区
已经消失了∥Les 3 routes／3 种通道∥Réserves paysagères／乡村保护区∥La cité linéaire indus-
trielle／线性工业城市∥une ville radio – concentrique des échanges／单中心放射状的交换型城
市∥ici：la zone rurale／这里：乡村地区

如，当你问一位村庄中的居住者："你喜欢在一座设有公共服务配套的垂直式田园城市中拥有一个住宅吗？"答案总是："我喜欢一切都归自己所有的小住宅。"但实际上还没有人看到过垂直的田园城市！"你喜欢坐火车还是飞机？"每次，在这种改变世界的重大变革刚刚开始时，人们的回答往往是："我么？好的，我更喜欢步行！"

目前，垂直式田园城市的巨大建筑体形可以根据地面上的不同活动而多种多样，可以是 Y 字形、脊椎形或直线性，与水平式田园城市交替展开。终有一天，水平式田园城市将被废弃，因为人们将认识到其中毫无用途的模式和虚假的优点。高楼将取而代之，此后巨大建筑物以适当的距离相间布置，形成一种壮观的韵律景象。配套服务的道路将是宽阔的，禁止货物运输的通行，并有多条通道供小汽车、自行车和行人使用。体育场地、展览馆、电影院等低矮建筑，掩映在草地和树丛的包围中。用于训练的水池、风景优美的游泳池和海滩共同形成连绵蜿蜒的水系。

某些土地肥沃的区域将用于建设私家花园——花园的规模不大，目的不是为了生产，而是让那些希望"耕种自家花园"的人们实现梦想。这些小规模的花园依据地形组团布置，形成争奇斗艳的公园景致。

男人、女人和儿童将发现自己无论身处何处，都在开放的大自然的怀抱中，充分享受着阳光、空间和绿荫……可以设想，服装设计最终将服从于社会特征的变化，当前制衣设备的变化证明我们已经进入机器文明的第二个周期，并且自此将带来人们生活状态的转变。

在这片居住区及其扩展用地的后面，是绿色保护区，线性城市的高速公路从中间穿过，将带我们去往"素质提升"的地方。

如果我们向对面的方面望去，就会发现开放的乡村地区和其中的工作场所显得格外壮观，与线性城市的居住区直接相邻。我们不会让那些工厂中下班的工人背起锄头或拿上犁。他们自己的步伐将引领他们走进耕地，走近农民，而这些农民也将拥有一个重生的新生活。

那么，郊区和那些被诅咒的地区在哪里呢？这一切早已不复存在了。

接下来让我们看看能在哪里能获得素质提升。

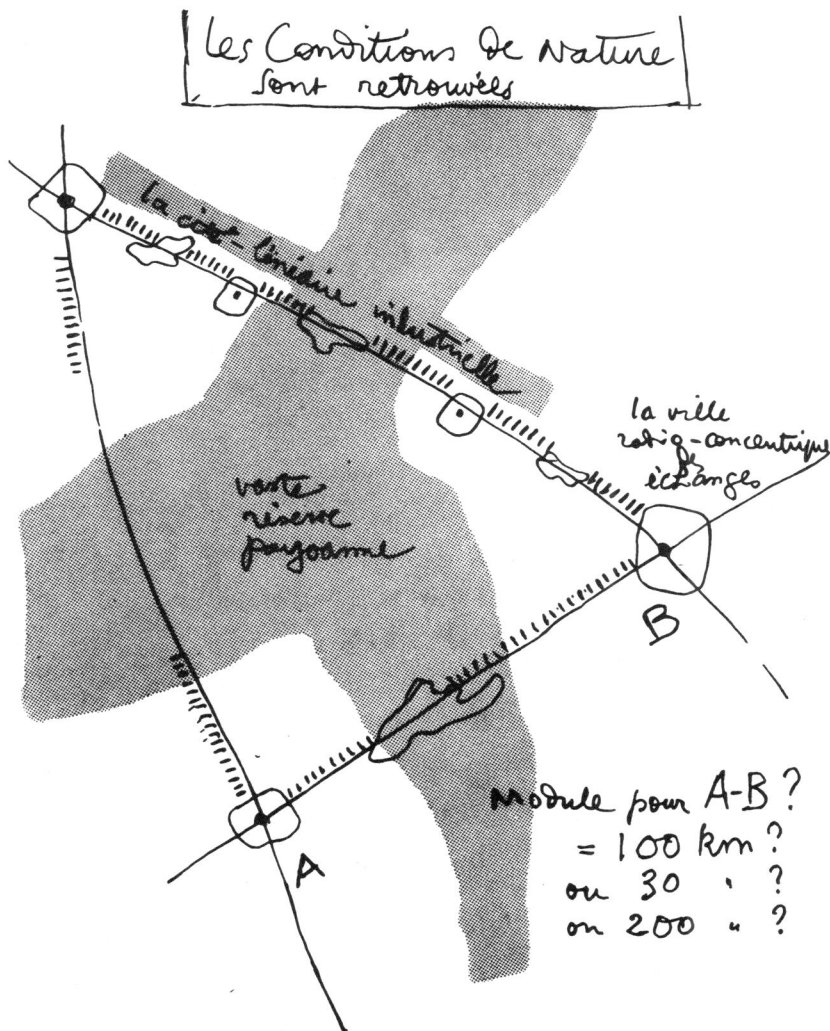

Les conditions de Nature sont retrouvées／自然环境被发现∥La cité linéaire industrielle／线性
工业城市∥Vaste réserves paysagères／广阔的乡村保护区∥la ville radio-concentrique des
échanges／单中心放射状的交换型城市∥Module pour A − B？ = 100km？ ou 30 km？ ou 200
km？／A − B 的模数？ = 100 公里？ 或 30 公里？ 或 200 公里？

100 公里外获得素质提升的场所

工作中各种力量间进行的斗争，激烈的冲突或潜伏的对抗，来自工业力量缺乏明确的公众规则，而这一力量既没有真正的组织机构，也不符合伦理道德和机器惯例。在整个生产人员的链条上——主要领班和工人——紧密的团结配合并不存在。机器，快速而蛮横地打破了古老的社会法规而引入了新的法规。大约一半的人要求废除对机器的限制，另一半人则要求将机器化的进程推进到最后阶段，从而构建一种新的文明，机器将为我们带来丰富的产品，并且把劳动生活从持续 100 或 150 年的瘫痪状态中解救出来。这一危机源自理解的不足。拯救措施在对于现状环境的理解上。

要挑战现实，就有可能引发气馁、放任和失败。要认识事物，就要参与它的发展过程，那就是用"是"来替代说"不"的地方，用热情替代禁令，重新点燃希望，并且无论何时不怕冲突。

问题在于如何安排工作环境——作为一劳永逸的造福行动——并使其保持在最优状态。这就需要建设"绿色工厂"和智能住宅，使每天的生活变得充实；并且为那些充满兴趣并富有激情接受素质提升的人们提供条件。实际上这里存在一个诱人的机会。

素质提升的精神灵魂就藏在机器文明的框架中。正是它塑造了工作组织的核心精髓，为所有试图从工作中寻找命运的人们照亮光明之路，让他们在其中找到最具价值的满意体验。

事实上，应建设研究、预测和交流思想的场所，在与线性工业城市相联系的单中心城镇的周围设立散布和接受创造力和感知力的场所，并为研究和创造提供实验室。在这些地方将间或有人活动，并配置有高效的设备。

一个交通方面的重大问题出现了。这个问题只和人的使用相关，因为，水系、地面和货运铁路网络的布置都严格遵循工业生产的特殊要求。供人群使用的交通线路布置在所有工业机构的一侧，道路的另一侧则是居住区。分支道路与线性工业城市的机动车道相连接。允许通行的交通工具包括有轨电车、无轨电车、小汽车、摩托车和自行车。机动车道上禁止货物运输。由此，为实现现代化道路的快速交通提供了可能。如果绿色工厂、如果居住区及其扩展区表达了这种新精神的一个方面，那么通行时速100公里的道路，同样也将成为人类所掌握的机械速度这一新工具理想的技术和美学的表达——速度，迄今为止引发的是混乱，丑陋甚至威胁。

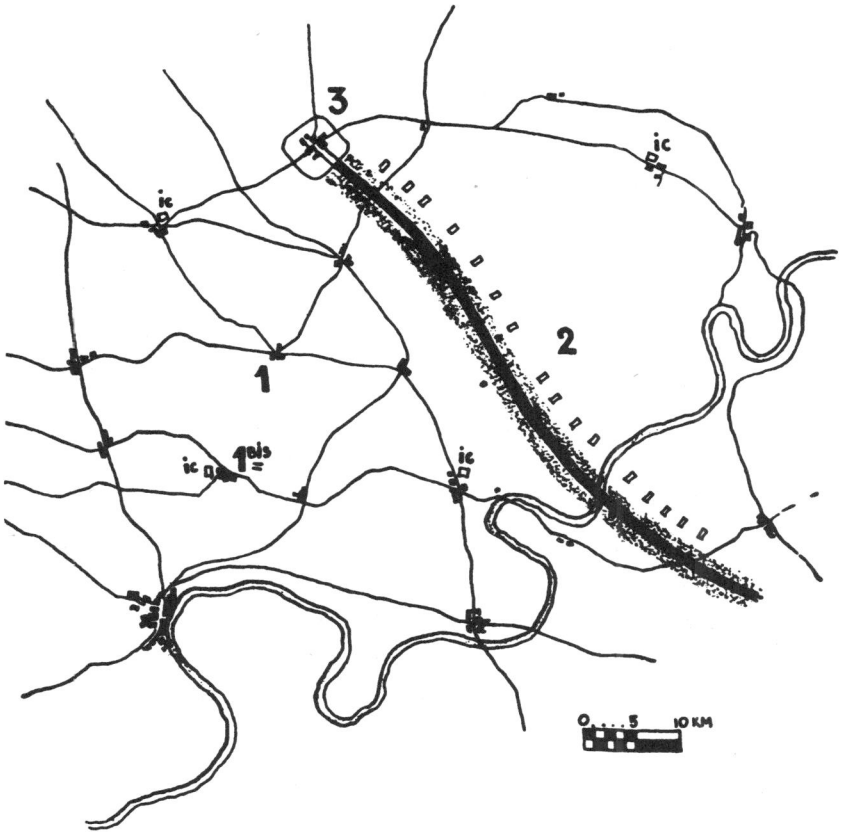

1. 广阔的土地储备
2. 线性工业城市
3. 单中心放射状的交换型城市

　　这一道路不会受到损坏，不可能被切断，并且每一条支路都会受到保护。它从居住区出发，沿着"保护区"延伸。在自然地形特别优美的地段，道路需要中断，那么也禁止修建工业设施，从而形成"乡村保护区"。

　　我们发现，保护区会设置在单中心城镇的周围，有时候也会出现在线性城市的沿线地带，从而打断其连续性。保护区，受到保护的安全地带，成为为线性工业城市和单中心城镇提供各种能量供应的储备后处理器。

　　在保护区的内部，将间或开展关于素质提升的活动。工厂学徒在这里接受教育；工程师或管理人员将拥有自己的实验室、图书馆和其他的信息供应设施。正是在这儿，人们将会找到那些他们要找的人，并且遇见和自己志同道合的人。

　　正是在这里，还将设置一些大学院系。

　　团结的氛围将得以形成：除了职业的问题，就是关于思考的问题了。思考体现为多种表现形式，例如艺术、书信、知识、行动、俱乐部、社交、戏院、试音室、展览馆，等等。在人们进行观察和聆听的地方，他们只是处于被动接受的状态，而在他们进行创造、探索、发现的地方，则是积极主动的。

　　这里还将举行大规模的运动会。

　　周末、星期天和平时每天的休闲时间，虽然直到今日都被视为一种惩罚（一种痛苦的循环：厌倦），但这种局面将很快得到改变。

　　工作和休闲，都是连续的、体面的、有趣的活动，同时也是机器文明的组成部分。然而这种文明是匆忙的、冷漠的、无意识的、疏忽的，或具有更黑暗的动机，迄今为止令人上当，有时甚至带来莫大的痛苦。

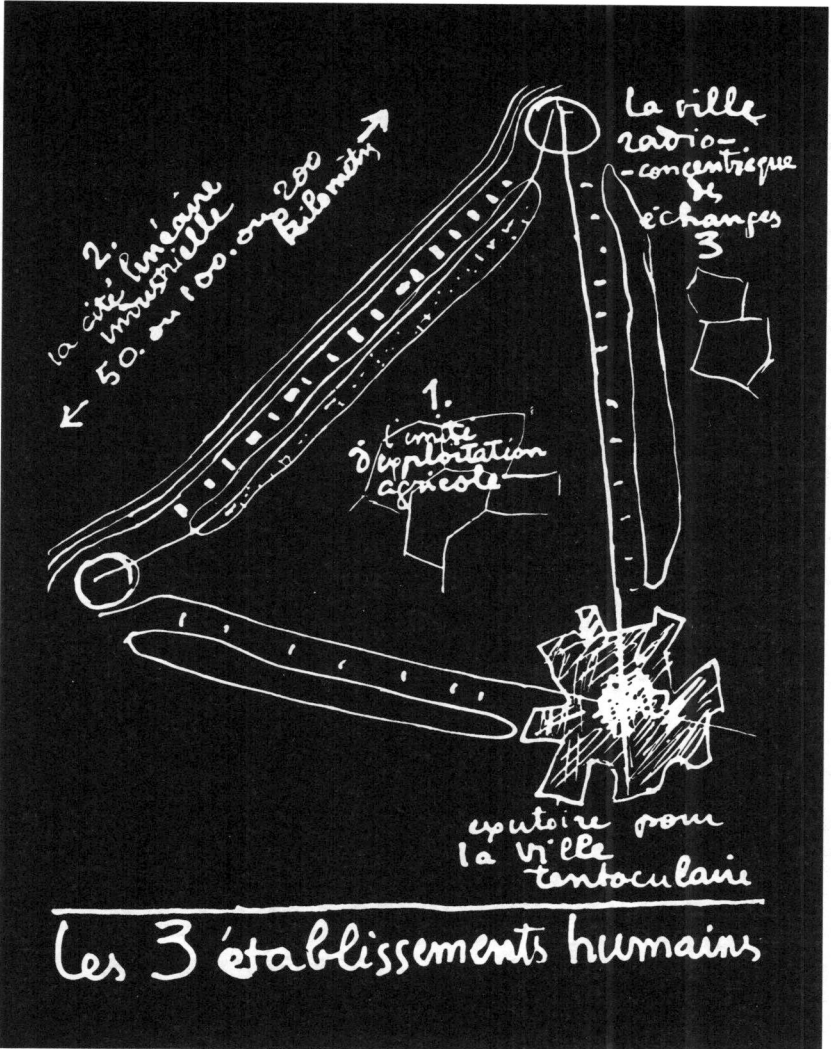

1. l'unité d'exploitation agricole／1. 农业开发单元 // 2. la cité linéaire industrielle／2. 线性工业城市 // 50 ou 100 ou 200 kilomètres／50 或 100 或 200 公里 // la ville radio – concentrique d'échanges 3／3. 单中心放射状的交换型城市 // Contoire pour la ville tentaculaire／触须状城市的出口 // les 3 établissements humains 人类三大聚居地

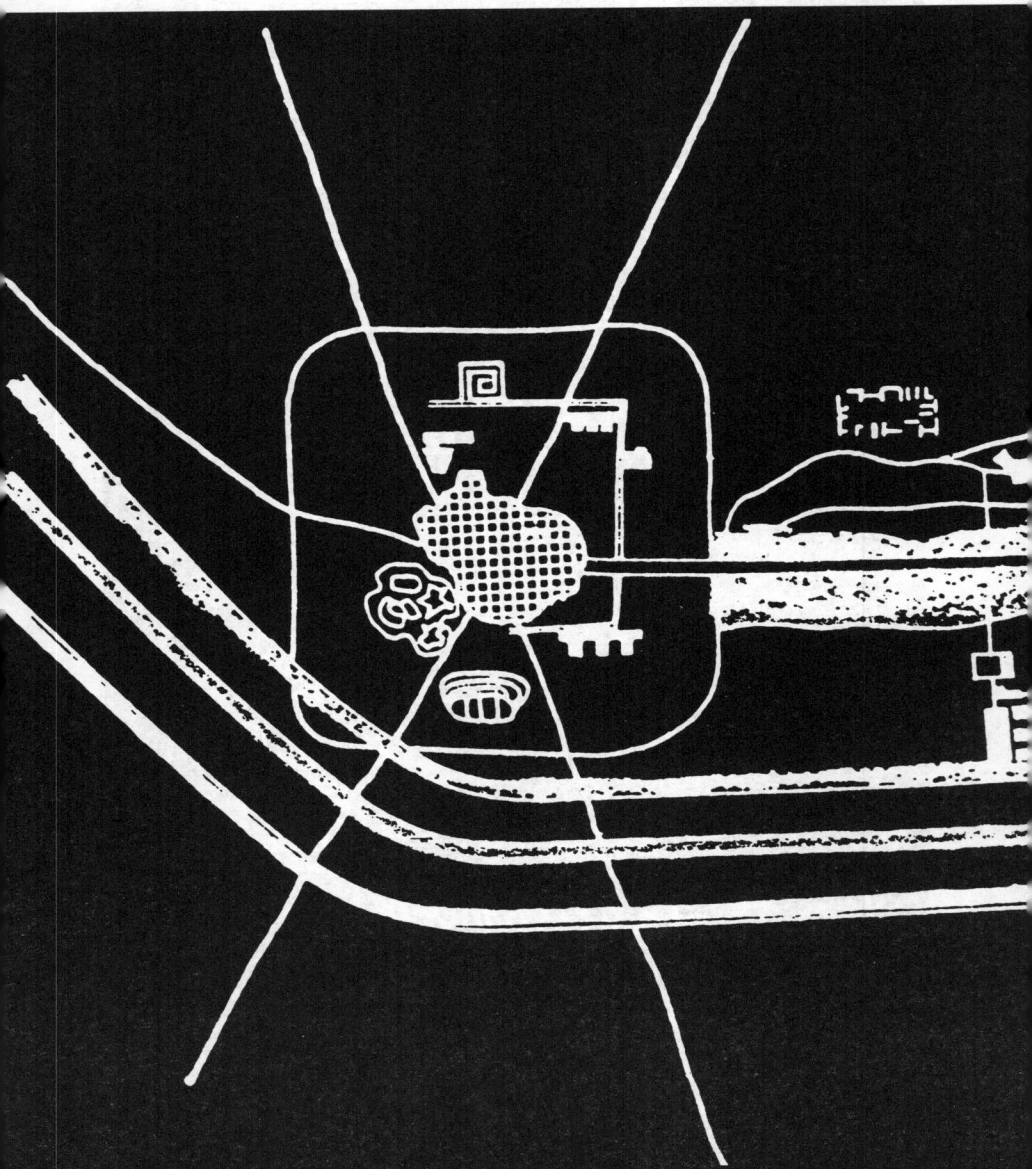

单中心放射状的交换型城市

交换型的城市通常坐落在重要交通线路的交会处。它们占据那些很早以前就被选定的地方：首先是步行道路经过，后来供马车和驴车通行。运河和铁路线，正如皇家道路或现代机动车道路一样，都或多或少依循着同样的路径。单中心放射状城镇就坐落于大型通道的底部，或河流的河床。

在过去的 100 年中，铁路、机动车道路和航空运输带来各种交通工具在这些枢纽节点的聚集。机械速度取代了几千年来步行或马匹运输的传统速度。

机械速度引发了工业。这些变化被匆忙而轻率地植入现状居住地。在那里，人群的聚集通常能保证充足的食物、人力以及各种社会资源的供应。在这些通过性的场所，大量聚集了商人和他们的银行，学者、教师等注重思想交流的群体，以及用最形象的形式表达生命意义的艺术家们。权力机构由此很自然地在单中心放射状城镇中建立起自己的政权。

如此丰富的活动带来了对于居住建筑的需求。因而，在交通节点的周围一栋栋建筑物拔地而起。甚至需要将这些建筑挤压到交通线路的边缘，并充分利用各种技术来提高建设密度，而密度也就成为这一努力的关键。但受到当代技术的限制，建筑物高度仍然无法超过 7 层（左右）。

机械工人第一次的大规模外流为这些城镇带来了空前的拥挤。机械速度导致道路交通的堵塞，无时无刻不是超出了忍耐的极限。人们再也无法在道路上通行，或是穿越。每一次人口和活动的涌入，都激发出新的需求，那就是到达和穿越城镇的中心区。由此，出现了进退两难的局面：需要拆毁城镇中心区，利用新的建筑技术和艺术修建 6 倍于现在高度的建筑物，从而根据新移民的规模重新构建相匹配的交通体系。假如人们没有自然而然地在这些命该注定的地方发现过去的见证和极有价值的建筑作品（一种历史遗产）的话，那么这就会是小事一桩了。

很容易推测，随着单中心放射状城镇中人口聚集程度的不断加强，将导致"自然环境"被破坏，从而给城镇中的人们带来堕落和痛苦。对于那些经历 2000 多年发展历程，达到自认为"极其庞大"的 50 万居民规模的城镇，突然在这 100 年间人口剧增至 400 万、700 万甚至 1100 万时，人们发现厄运已经降临眼前，需要不惜任何代价寻找解脱的途径。

城镇必须停止增长。它们甚至应该拒绝接纳这些寄生虫般的群体，因为后者为了参与这场注定失败的冒险活动，将自己强加给城镇。他们的规模应被缩小。

为了缩减规模，城市不一定要砍削自己，而是要通过认清自身存在的目的和消除那些没有理由附加给它们的东西，以提高自身的品质。

这一自我审查的行动是一项看似合理的计划。作为人类生命和千百年历史的发展成果，城镇靠的是通过永不停歇的创新来追求它们自身的命运。当步行或马匹的速度作为永久的统治性因素成为时间和距离的基本节奏时，城镇的发展就已经开始出现波动。而今天，它们必须让自身适应于机械速度及其各种伴随的产物。但仍然很少有人意识到这样一个事实，即现代世界留下了一个熟悉的海岸，让人们由此到达一片新的土地。这暗示着真实世界中出现的一个重大转变：城镇，作为人类工作的场所，同时也是人类吸取营养、生产和交流的场所。

因为强大的交通流带来的危险区，今天单中心放射状城镇变得活力殆尽，因而必须采取保护措施，实现步行交通与机动车交通的相互隔离。

认识到了它们（城市）存在的理由，它们就必须制定出一份能以完美效率作出反应的各种机制的清单。

自然环境将被重新植入交换型的城市中，并使其也成为一座"绿色城市"。

第4章
现实情况

从海洋到乡村

相对于人类文明的转瞬即逝，地理环境却拥有更为悠久的历史，并将绵延永续。它向我们展示出某些基本的真理。配合人类不断改进联系、交流和沟通的方式，地理环境也通过自身的话语传播影响。正如前文所说，机械速度打破了千百年来一直处于均衡状态的传统规则——近年来这些速度以各种形式出现，包括铁路线和无线电波。一个显而易见的现象是，工作的程序将发生变化，而目标就是由这些联系、交流和沟通所带来的巨大任务。也就是说，现代工作的成果对于每个人而言都具有意义，这与以往相比不可同日而语。工作已经成为现代文明的全部，"工作"的现实将被重新考虑和讨论；新的建议得以提出；工作的意义得到确认；人们制订新的安排以实现世界力量的平衡，促进活力的循环，推动生命的绽放和重生，让机器文明的第二次循环进入蓬勃发展期。

整个世界不再以罗马为中心。那个昔日的帝国曾经雄踞于地中海的中心地带，他们的商队从遥远的地方带来珍贵的物品。今天，世界的发展遍布全球各地，从南至北，甚至包括南北两极，到处都是采石场、矿山、巨大的生产机器，以及庞大的流通和运输系统。

从采石场、矿山或其他原材料产地到将成为一种智能的分配活动的这些产品的消费生活天生就是创造居住地，改造大地建造将一级或二级原材料转变为消费商品的场所。这些场所的营造取决于一项原则，即需要同时考虑材料（场地）和产品（人）两方面的问题。在机械化的第一个阶段，这些材料和产品四处散布，带来一片混乱。150 年来的发展经验向我们展示了认识这条原则的重要价值。此外，还需要仔细检查可居住的区域，识别可以建设"三大聚居地"的场所。

大地讲话了，这是它的第一次演讲，为我们描绘出一幅法国工业的分布图，作为 19 世纪开启现代工业序幕的社会遗产。伴随人类的定居，工业随之形成，在通行速度（马匹速度）的限制下，以及"联系－交流－沟通"活动的推动下形成相距不等的分散布局形式，并进而形成行政管理中心。

地下煤炭的开采决定了重要的工业区域的范围。

地理学家被要求描绘出一座线性工业城市跨越地域边界形成的最初形象。这需要鉴定出在地理形态上自然生成的线性空间，以及成为运输原材料和源源不断地将其转化为消费物品的场所。由此，那些从一开始就作为重要运输通道的线路，在图面上得以呈现。

在其周边，分布有水电、热电等能源供应设施。

一条巨大的通道从英吉利海峡（Manche）经过里昂到马赛，而通往赛特（Sète）和波尔多（Bordeaux）的分支是否修建仍然存在争议，最好是继续通往巴约纳（Bayonne）、北海、地中海，直至大西洋。

由此出现了一条连接勒阿弗尔（Le Havre）和上卢瓦尔河（Haute Loire）的交通线路，另一条则联系南特（Nantes）或拉罗谢尔（La Rochelle）与斯特拉斯堡（Strasbourg）。

这里，通道成为为工业服务的特殊场所，实现工业的重新选址及其与周边环境协调共处，以及有助于人类福利的场所。

地理学家在早期的两份文件中提出：

"在当前的经济状况下，工业选址一般临近以下场所：

— 原材料产地；

— 能源供应地；

— 货物运输通道；

— 人力资源市场；

— 消费市场。"

"但是，如果我们研究一个古老国家（如法国）中工业的分布情况，将发现所有的工业选址都没有受到上述因素的影响，我们还必须考虑到过去的影响，也就是说，关注历史甚至个人意愿的影响。"

"从法国工业分布图上可以看出，一些工业地区都坐落于从卡昂（Caen）到马赛连接线的东侧，而一些小型的工业中心则散布于整个地区内部。"

"最近的发现显示，在所有的工业地区中，只有惟一的北部地区与煤炭产区直接相邻。另外需要指出的是，早在第一块煤炭被开采出来（1717 年）之前，佛兰德地区（Flander）曾是最重要的工业区之一。它的发展主要来自一种所谓的'共振'（résonance）现象：'工业吸引工业'。为什么呢？因为一个新的工业机构的创建者，无论是何种工业形式，一定会在那里发现人力资源、能源和交通设施。"

"其他地区则通过煤炭的运输，或直接以热力、水力发电的方式获得能源，无论如何，这都涉及交通的问题。"

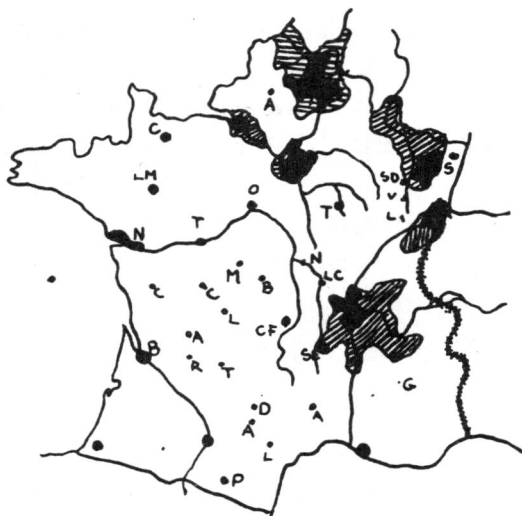

古老的工业区。
在19和20世纪，设置在采石场或能源产地的工业区，同时也是人力的聚集地

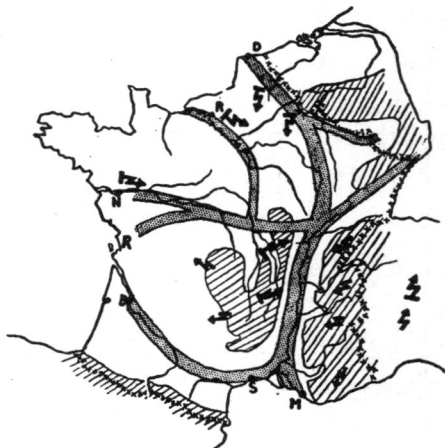

"有一个地区和其原材料产地直接相连，那就是东部地区，依靠的是铁矿石开采。其他所有地区都是通过交通运输获得原材料。"

"实际上，在同一个地区，当工业机构无法为其雇员提供住宿条件时，人力资源的利用在很大程度上将依赖于交通的组织。此外，这些雇员通常来自外地甚至国外。"

"对于那些制成品无法运输，而原材料可以运输的工业而言，通常选址于临近消费市场。啤酒工厂就是一个典型的例子。

通过这个非常简短的描述，我们似乎可以得出结论，如今的工业选址仅仅服从于交通运输的状况。换而言之，所有的工业都可以被安置在任何地点，只要能够找到适宜的交通方式。"

在这些情况下，要实现工业的分散布局，从而消除地区和某些工业中心区内部出现的过度聚集的现象，惟一现实的解决办法就是发展一套合理的道路交通网络，并在其沿线布置"线性城市"。

只有通过长期的整体和细节研究，才能制定出这样的道路交通规划。因此，上文中提到的规划方案，只是试图提出一种面向法国未来的主要交通系统的布局方案。

人们告诉地理学家：在"联系—交流—沟通"的现代化活动中，法国只是生产、运输和交换过程中的一个组成部分。面向大西洋的两大美洲，其东部依赖于广阔领土上的丰富资源，包括矿产和工业劳动力资源。

地理学家的回答如下：目前，这只不过是地图上的一条铅笔线。或者，终有一天，其他人，而不是我们自己，将找到真实的路径。

由此，我们提出一种关于生活幸福感的假设——包括生理和心理上的健康（自然状态），24 小时太阳日的组织，等等——"线性城市"最终将与人类的发展紧密关联（通过民族或国家的管理），并以其稳定的状态面对变化多样的政治格局，为我们提供一种有组织的结构形式，以及和谐发展的机会。作为未来世界发展最重要的一个组成要素，线性工业城市自然将成为全球讨论创建绿色世界的一大主题。

Occupation naturelle du territoire／大自然的领地／La carte d'Europe de l'Ascoral 1943／1943 年
ASCORAL 的欧洲地图

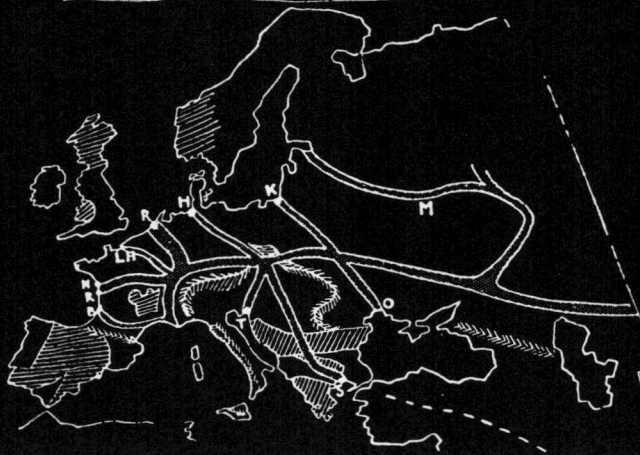

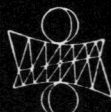

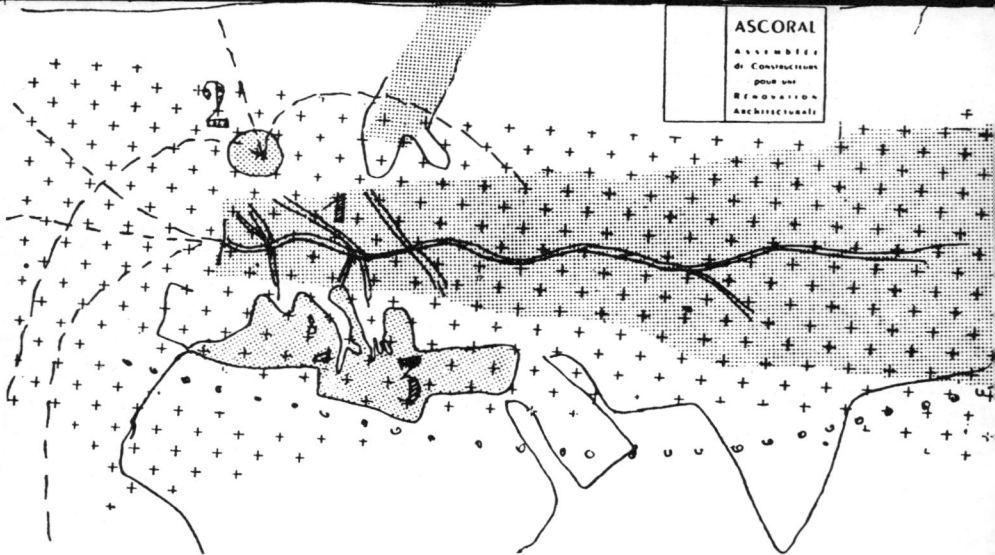

飞机

飞机的飞行完全不管地面上的所有路径，它从高空掠过，而不用为斜坡、裂缝或距离所困扰。在预定的终点站，它携带空运货物降落，包括货物和乘客。

鸟瞰的视角为人类的认知带来一项重要的创新：方案设计极其详尽（从两个维度来看），而不需要剖面图（取消了第三个维度：高度）。人类认知中出现的许多混乱都来自一个简单事实，即人眼从距离地面 1.6米的高度进行观察。如今，混乱变成了一种清晰的解读：通过允许"从高空观察事物"，从而使得建设者们始终如一的理想能够转化为明确有形的现实。

机械师和物理学家，作为和空气打交道的人，始终执着于他们各种微小或轰动的发现：他们为人类贡献科学事实和结果；他们既不左右环顾，也不向后看，因为这些都不是他们的职责，他们只管向前冲。这就是他们工作的效应：

天空中可以布满飞机，通过地面信号灯和现代化的电信手段进行指挥，一切都有条不紊。无论白天还是黑夜，天气晴朗或雷雨交加，每15分钟就有一架飞机从机场中起飞或降落。

这个时期必然将是国际化的：美洲、欧洲、欧亚大陆、欧非共同体将共同组成一个大陆。两地之间准确无误的直航，不休息，不停顿穿越"蛙塘"，即现今的"海洋"。

飞机将用来运输货物或乘客，货机用于运送某些被称为"重要商品"的特殊物品，客机则为"高级人士"提供服务。结果是，在某些重要地方出现人类活动和开发强度的高度聚集。这一意料之外的现象，将导致那些依赖于传统道路系统的场所逐步衰落。由此，法国航空协会（le Congrès de l'Aviation française）提出，希望政府当局立即主动在这些适合建设传统居住区的新基地上制订开发计划。

我们已有的研究显示，以上三大人类聚居地能够为这个机械化的世界带来和谐。线性工业城市将变得闪耀、热情和乐观。生机勃勃的地球将重新恢复光彩；基础性的人类聚居地和农业群体，都不会消失。

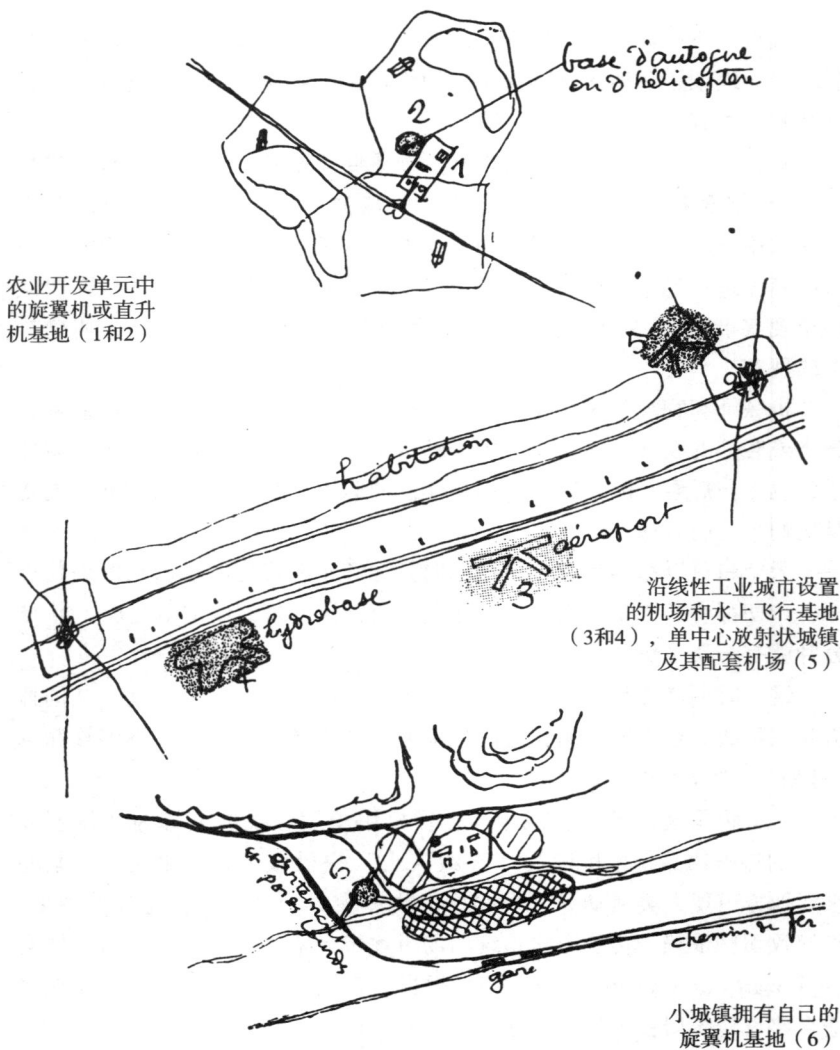

base d'autogire
ou d'hélicoptère

农业开发单元中
的旋翼机或直升
机基地（1和2）

habitation

aéroport

hydrobase

沿线性工业城市设置
的机场和水上飞行基地
（3和4），单中心放射状城镇
及其配套机场（5）

chemin. de fer

gare

小城镇拥有自己的
旋翼机基地（6）

　　航空业的发展还将带来什么重大变化呢？航空业并不会妨碍我们的农业供应（这里我们忽略了私人飞机，尤其直升飞机能丰富或摧毁传统习俗）。当然，它将对单中心交换型地区带来影响，适应某些地区，不适应另一些地区。而且，正是这一决定，让我们期待上帝的干预：确定一种原因已经过时的命运。

　　如今，线性工业城市发现自己受到航空学的推崇……

　　线性工业城市的发展将走向何方？

　　从大西洋海岸到乌拉尔山，甚至更远……

　　飞机的目的是什么？生活中最强烈的部分：指挥和生产。

　　这些地方在哪里？它们在大型线性城市中，位于交会点上（单中心交换型城市），构成了当今欧洲的基本骨架：由陆路、水路和铁路三种通道组成的结构。

　　空中航线刚刚加入其中，成为第四种通道！它将在这里添加飞机场和飞机库。

　　欧洲地图由此形成：壮观而尊严的人类工业。巨大的人力储备，为工业生产提供相应的劳动力供给。

　　预计在这个机器时代的重大转变过程中，均衡状态将维持一段较长的时期。

cargo de l'air

paquebot de l'air

où atterrer ???

les 4 routes. →

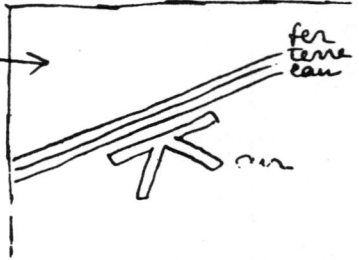

cargos de l'air / 空运货物 // paquebots de l'air / 空中客运 // Où atterrer??? / 在哪儿降落??? // les 4 route / 4 种通道 // fer / 铁路 // terre / 陆路 // eau / 水路 // air / 航空

航空线路进一步巩固了其他的通道

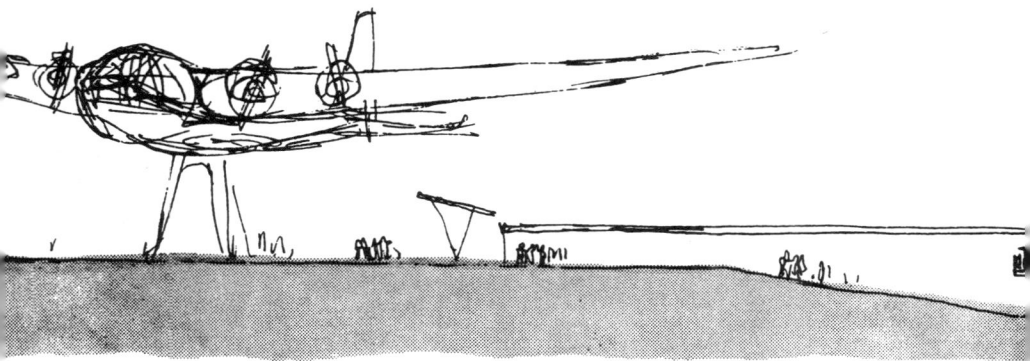

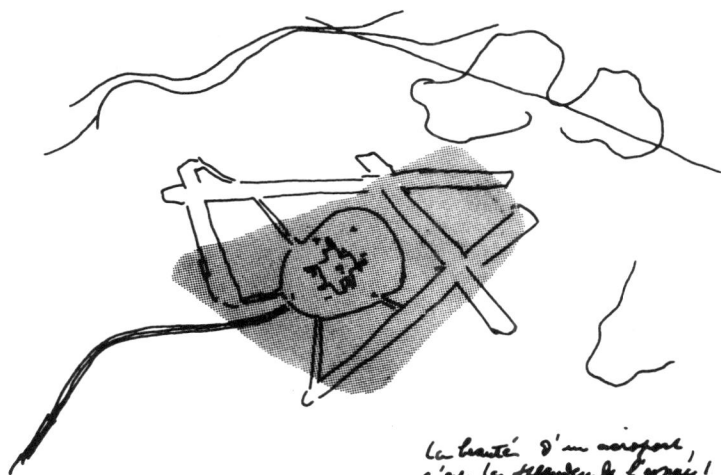

La hauté d'un c'est le splendeur de l'espace!

La hauté d'un c'est le d'espace la beauté d'un aéroport, c'est le splendeur d'espace! ／飞机的美丽体现为距离的辉煌！

第 5 章
巴黎的影响范围

城镇

在很多情况下，城镇存在于道路的交叉口，或是在浅滩、河套地带、河流入海口，或者在岩石高耸的海角，例如雅典卫城为军事防御工事所包围。这些城镇中的流动通道是固定的，也是永远的，因为它们受到当地环境甚至非常遥远地区的影响。

二级路网系统穿越城市各个区域。伴随城镇的发展，主要交通路线将出现拥堵现象，然后被新的道路所取代，最后，网格状的道路系统成为无法解决的最终选择。

一些城镇……

• 古巴比伦：

拥有三条军事防御带。这是何等精彩的设计！

• 北京（Pékin）：

鞑靼城在上面，下面是中国城，城中间是作为领导核心的皇宫。

• 鲁昂（Rouen）：

中心城区，于 11 世纪在古罗马营地的旧址上建设而成。正交的道路网络，体现出秩序和法规的力量。城区周围是形成于 18 世纪的军事防御带。乡村道路从营地旧址向外延伸。有一天，放射状的道路发现自己为城镇所包围，处于一个新的军事带的中央。这显示，随意性带来的危险，将成为此后建筑布局的沉重负担。

• 安特卫普（Anvers）：

在军事带的内部，道路系统展示出城镇活动的特点：一个海港及其带来的进出口贸易活动。海港的另一侧，通过道路与消费市场相连（佛兰德、法国、德国）。建成区部分只不过是海港贸易的副产品，一种由重要的交通系统造成的残留物。

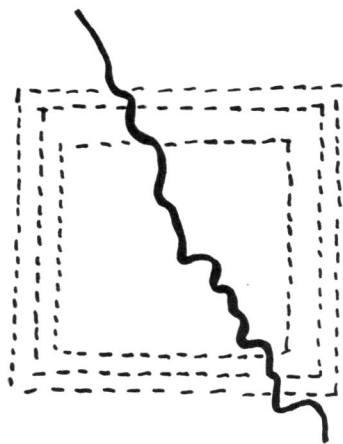

古巴比伦

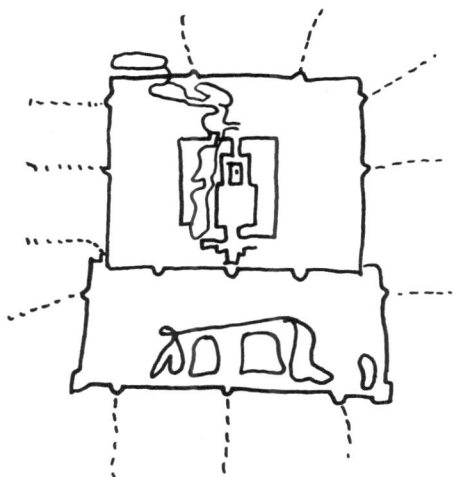

北京

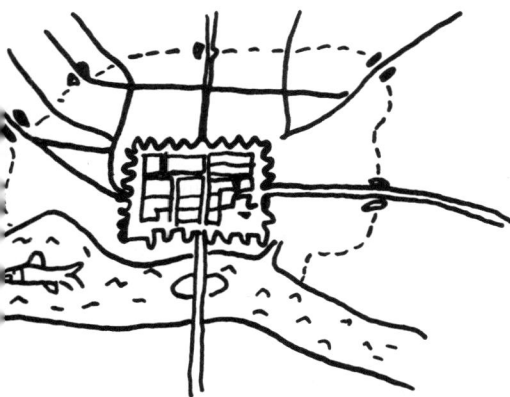

鲁昂

安特卫普

1942 年夏天的巴黎

　　道路上不再有小汽车的身影，城镇里一片寂静，空气干净而清新，6 月法国的天空向人们展示着胜利的成果：步行者成为城市的主宰。

　　公路和街道显得倍加宽敞：小汽车消失了，被车撞倒的危险不复存在，人们心情自由，可以尽情观赏巴黎街边的建筑，那些中世纪至今西方建筑艺术的顶峰成就。坦率地说，巴黎正在展示着自我。

　　巴黎的建筑布局呈现一种三角板描绘出的，稳定而自然的直线性式。巴黎居民自己修建的住宅也是方形的，排列整齐而且十分坚固。并且在每层楼房的设计中，再次通过重复的门窗构架强化这一意图。巴黎城市的建设正是遵循如此严格而纯净的线性模式，没有任何掩饰。这些直线成为城市的主人，人们精神的标志。

　　我们正是通过这些坚固而无法磨灭的标志，来理解十字军、君主、国王和皇帝的气质。第一个机器时代之前的那些房屋建造者们，拥有坚定不移的意志力，而在过去的 100 年间这种意志力被掩盖了，谎言得以出现。现在学校里教授的建筑学，冠以正统学术的旗号，却生生将建设对象拖离了真实。

　　在巴黎，这里有灰色的砖石建筑，绿色的公园，柔和的钴蓝与洋红色混合的不同寻常的天空。城市显示出极其严格、坚固和无可争辩的紧凑形态。在 1942 年夏天的巴黎，没有了小汽车，四处一片寂静，诗意般的美景随处可见——整个城市如同一首纯粹的、紧凑的、坚固的、精心编写的诗歌。

　　我们想像中的乌托邦世界如今呈现在面前：步行者成为特权者。宁静的街道，平静的行人，人们能够仰头观赏拥有良好比例的高层建筑。砖石和窗户构成的建筑统一体，成为人类需求和建设技术之间良好协调的结果。

　　1942 年夏天的巴黎，一个我们永远难忘、时常挂念，并且在作出认真决定时能从中汲取力量的时刻，重新恢复了建筑的尊严和城镇的光辉景象：巴黎圣母院、协和广场、杜伊勒里宫花园，以及圣日耳曼大街（Faubourg-Saint-Germain）。重新恢复的步行道让人们能够欣赏他们的城镇。以后，我们是否还会记得这段曾经居住过的时光？这个巴黎历史上独特的时刻将永远不会再现了！

原则宣言

我认为应该关注巴黎这座城市，它的形成过程，及其未来可能的改革之路。

1. 巴黎，这座单中心放射状的城市已拥有几千年的历史。如同将其比作一个车轮，那么其辐条向外迈进的步伐不但没有受到拿破仑三世修建的防御工事的阻拦，而且一直延伸到海边的海港和国外资本的汇集地。这些辐条就是自建城伊始多少世纪来一直延续至今的道路系统。

这些道路与波尔多、图卢兹、马赛、日内瓦、斯特拉斯堡、布鲁塞尔、勒阿弗尔以及布雷斯特等城市相连。轮毂部分成为城市的中心地区，并且将是一个永久不变的中心。

2. 基于我们对机器文明下"人类三大聚居地"占地形式的研究，应该积极地将工业布局转变为线性城市的形态，沿陆路、水路和铁路通道设置，并且根据地形情况集中布置在那些作为原材料和制成品运输通道的地区。此外，还需要将今天毫无意义地涌入巴黎城市的过多人口清除出去，从而重新发现居住和工作中的"自然环境"。

3. 由此将引发大规模的人口迁移，为这个无可救药的机器文明重

新夺回所需要的领土。除了重新发现自然环境，它还将有助于发现实现
人类和宇宙相统一的重要基础。

这就是我的原则宣言。

这需要我们对于长期疏忽下导致的灾难性的后果进行清除，从而
拯救巴黎，使其能够、也应该成为一座光辉的城市，与人类的生活和
谐共处。如果没有这些设想，当前的局面将继续维持，而毫无结果
可言。

为了国家的经济发展，为了人类的幸福，是否有人愿意投身于这场
伟大的事业中呢？

住宅

在小汽车和卡车的时代，交通基础要求均衡安排。马匹的行进速度被 20 甚至 30 倍于它的机器速度所取代。

道路系统的基础选址至关重要。这些决不是地方性事务，而成为（整个国家层面）最主要的问题。

在千百年的成长发展中，巴黎从未丧失其历史性的交通基础。不过几百年来，军事上的限制长久存在：连续的防御工事，1、2、3、4 层甚至更多的防御带（图 A）。到 19 世纪，铁路出现了，带来各个城镇爆炸性的发展，进入第一次郊区化进程。进入 20 世纪，麻风病肆意蔓延——大规模的郊区化过程带来城市环境的去自然化，城镇向外部的疯狂扩张甚至侵袭到 30 公里以外的地区。到今天，1959 年的巴黎拥有 840 万居住人口，占到法国全国人口的 1/5（图 B）。

巴黎作为思想中心，政权中心和指挥中心，我们应该重新考虑它的命运。计算显示，如果采取"光辉城市"的建设模式，在拿破仑三世建设的防御工事的内部，可以安排 300 万居民住在"绿色城市"中，并且还可以留出一半的空置用地。

这种"光辉城市"的形式可以在巴黎得到实现。它拥有多个居住单元，间隔 200～300 米布置，并为绿地所环绕。大量的不健康住区可以从现在开始被逐步转化为"光辉城市"。考虑到整个用地中，居住单元只占据 10% 的面积，因此，尽管新建的居住密度仍然和现在一样，不过在整个工作过程中只需要对原住区内部的住宅进行拆迁。这样，10% 的现有建筑面积再加上 10% 的新建建筑，一共仅需占到总用地面积的 20%。

fig. A

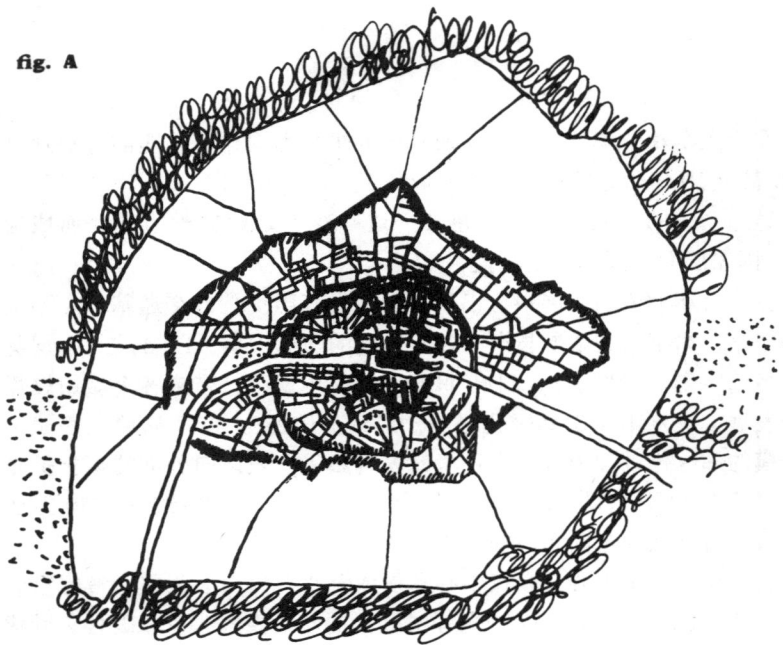

fig. B

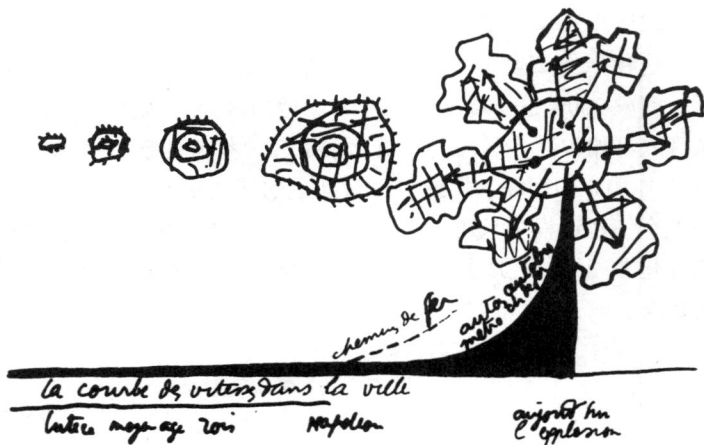

fig. A／图 A∥fig. B／图 B∥Chemin de fer／铁路∥Autos autobus／小汽车和公共汽车∥Métro th de（？）／地铁（手写体辨认不清——译者注）∥La courbe de vitesse dans la ville／城市里的速度曲线∥Louis Moyen age rois／中世纪路易国王∥Napoléon／拿破仑∥aujourd'hui l'explosion／今天的爆发

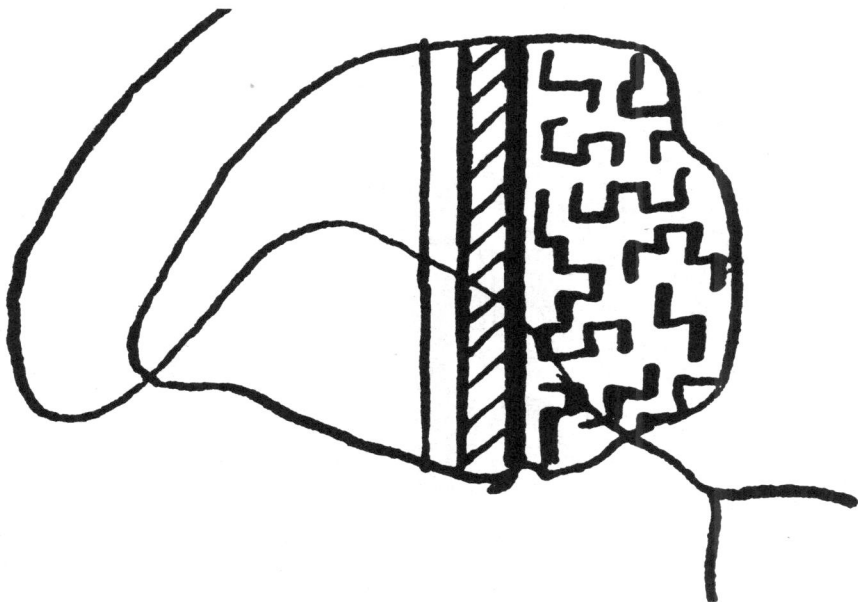

　　由此，这项行动只需要我们对原住区中 20% 的人口进行重新安置，剩下 80% 的人群无需进行迁居，并且可以在工程结束后住进新的居住单元。接下来，再拆除剩余 80% 的建筑，改造成为公园、道路和辅助性建筑。这项规范实施的一个成功案例，就是将位于巴黎第 6 街区的不健康住区改造为"光辉城市"中容纳 1.8 万居民的生活街区，并由此出发，在巴黎城市中开辟出一条自西向东的通道，向人们展示出城市化发展的创新价值。经过一段时间的改造，各个街区之间相互连接，将实现巴黎城市面貌的全面转变。

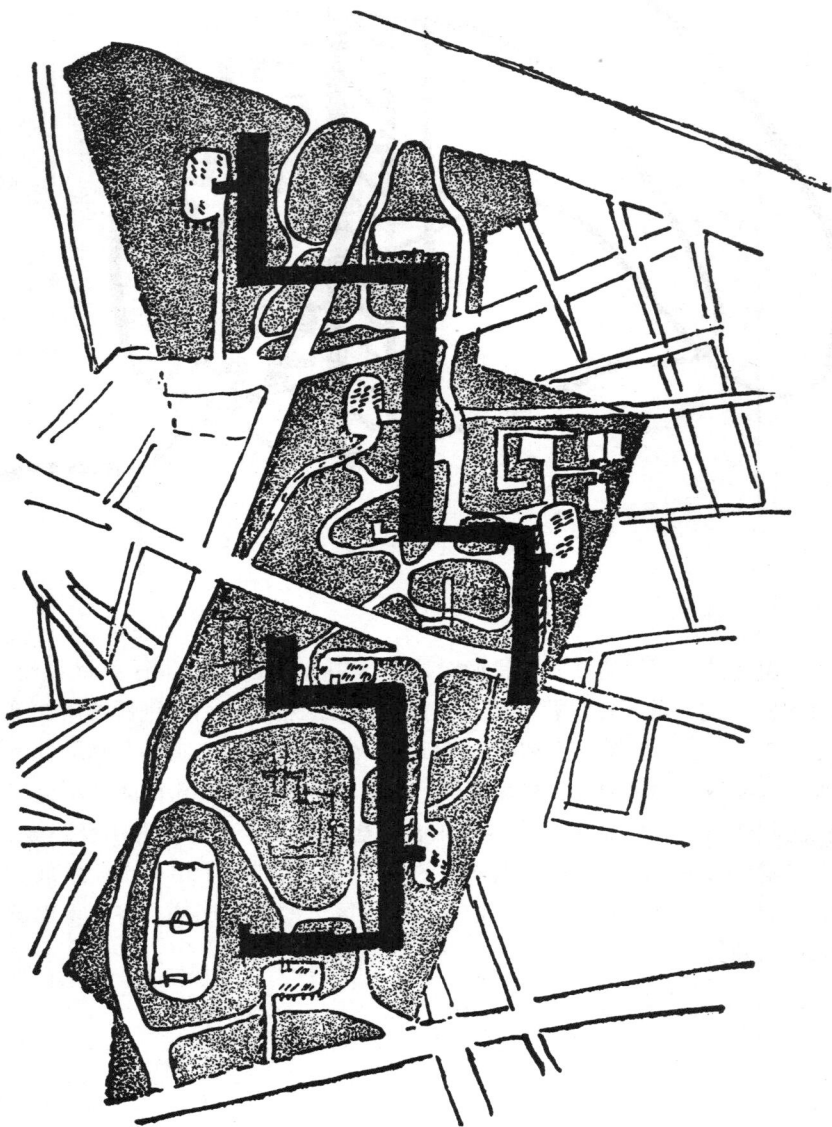

巴黎第 6 街区改造的案例

交通

巴黎作为一座防御性城市，历史遗留下来严格的网格状道路系统，如同城市的心血管系统，呈现为短距离分割的（每隔 15、20 或 40 米）"街道走廊"形态。后来，在路易十四、拿破仑一世和奥斯曼时期形成了一套更为庞大的路网系统，其建设更多源于政治因素而非城市发展的需要。现代化速度正是在这种脆弱的网络中折腾。而我们却一直停滞不前。交通问题永远不可能通过在城市周围修建环状道路的方式解决，对于巴黎，我们需要修建道路穿越城市内部。

来自外省市的机动车道路系统（柯尔贝尔和拿破仑时期的古老道路），在巴黎的郊区终止。我们需要将这一网络延伸至城市内部。必需的道路开口将成为推动巨大财富增长的刺激点。它们是：

1. 高架高速公路分出五条主要支路，与来自外省市的道路相联系，最后形成两条主要的交通轴线：一条东西向轴线，另一条则是南北向。后者在左侧，分为两条支路：一条东南走向通往意大利，另一条西南走向与西班牙相连；

2. 在路易十四、拿破仑和奥斯曼时期的路网基础上，形成了一套斜向的道路体系；

3. 最后，分阶段逐步形成以 400 米为间距的新的高速公路网络系统，以及在居住区内部设置丰富的步行系统。来自外省市的机动车道路设置有分叉口，不过在郊区终止。需要将这些道路加以联结，形成五条高速公路分支道路，从而为城镇提供不可或缺的、紧要的和充足的心血管系统。

有时候，如果某些主要道路的路基能够建设在古老、狭窄的墙体之间，那么就可以通过这种外科手术式的方法平行修建一条新的道路，无需破坏历史的证物同时可以享受现代化的速度。例如，投机商轻率地设想通过修建"凯旋大道"（voie triomphale）实现香榭丽舍大街的向西延伸，然而这条新的大道不可能继续扮演重要交通干道的角色，并且最终止步于巴黎最拥挤的地区：协和广场（参见巴黎举办国际花卉展览会时的交通情况）。

来自外省市的机动
车道路设置有分叉
口，不过在郊区终
止。需要将这些道
路加以联结，形成
五条高速公路分支
道路，从而为城镇
提供不可或缺的、
紧要的和充足的心
血管系统

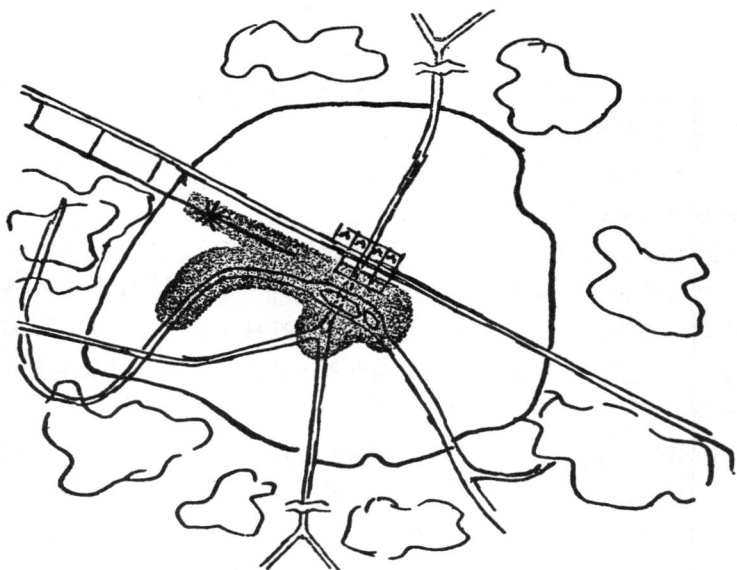

　　如果自东向西穿越巴黎城区则截然相反，这是重要的交通干道，如同城市的脊柱。

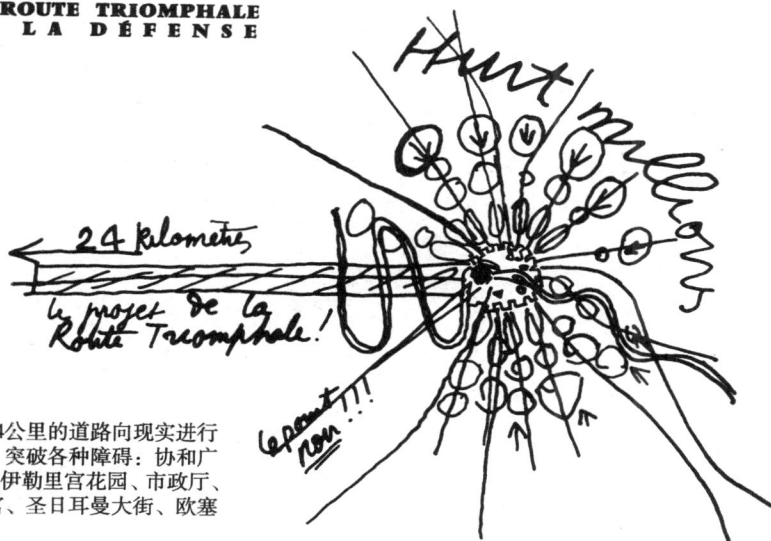

绵延24公里的道路向现实进行反击，突破各种障碍：协和广场、杜伊勒里宫花园、市政厅、卢浮宫、圣日耳曼大街、欧塞瓦

la route triomphale de la défense／通往拉德芳斯的凯旋大道∥Huit millions／800 万人口∥24 kilometre／24 公里∥Le projet de la route triomphale／凯旋大道项目∥Le point Non！！！／毫无意义！！！

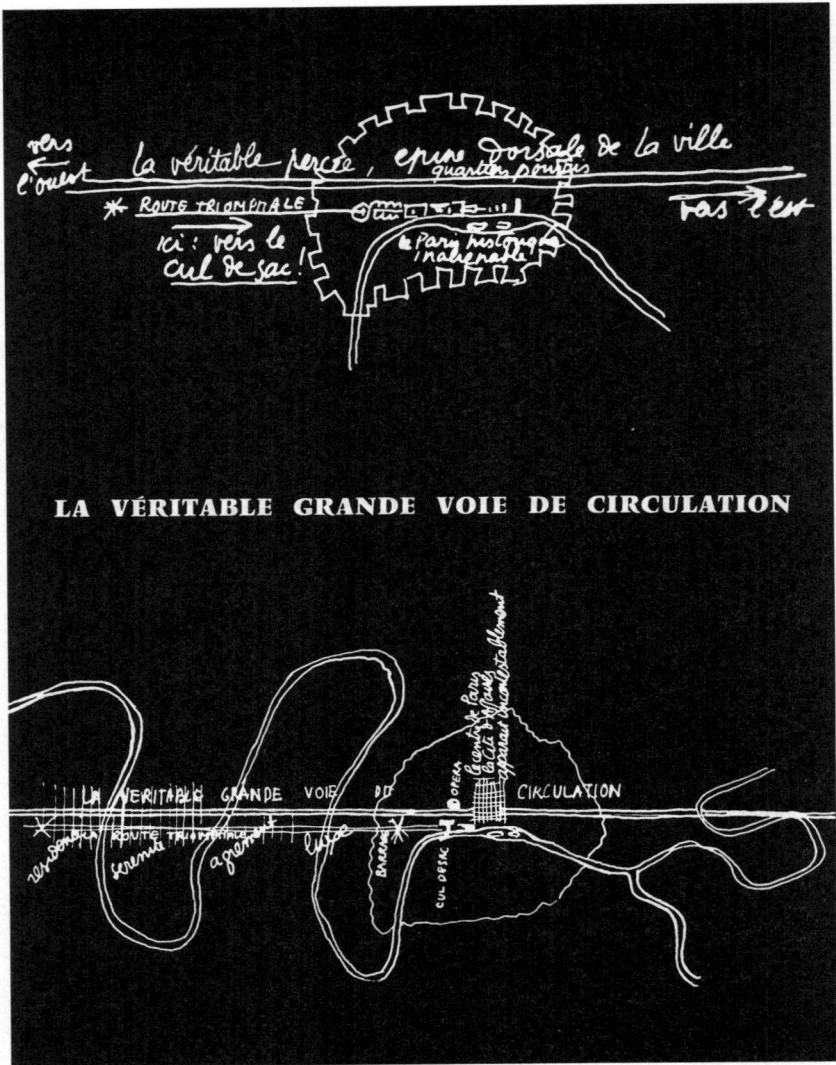

LA VÉRITABLE GRANDE VOIE DE CIRCULATION

Vers l'Ouest／向西／／La véritable percée；épine dorsale de la ville／真实的突破，城市的脊柱／／Vers l'Est／向东／／quartiers pourris／腐烂的街区／／Le Paris historique inaliénable／不可剥夺的巴黎城的历史／／Route triomphale／凯旋大道／／Ici：vers le cul de sac／这里：通往尽头路／／la véritable grande voie de circulation／真实的交通干道／／Le centre de Paris／巴黎中心区／／La cité des affaires apparait incontestablement／商业城市出现了／／la véritable grande voie de circulation／真实的交通干道

中心区

巴黎的城市动脉，以并行方式为周边的乡村地区提供服务，它们从更为遥远的地区延伸至此，包括如勒阿弗尔、加来、布鲁塞尔、斯特拉斯堡、日内瓦、马赛、图卢兹、马德里、波尔多、布雷斯特、瑟堡等城市。正如我前面所说，这些交通干道决定了巴黎的选址，并且描绘出城市的心脏部位，一个热闹而神圣的地方。世纪的光阴能让一个城市进入冒险的征程，迷失前进的方向，或引发针对西方世界的攻击，但是要设想在巴黎之外另外创建一个新的中心将是错误的。城市发展中的任何决定都受到地理条件和历史进程的干预，所有的一切早在罗马时期的鲁特西亚（Lutèce）*就已经确定。

现在，需要为巴黎的心脏地带再次注入活力。相反，在巴黎中心区创建新的商业和行政中心，将会成为价值提升和新的经济推动力的源泉。

---

*　罗马时期巴黎曾被命名为 Lutèce，公元 400 年前后改名为巴黎。——译者注

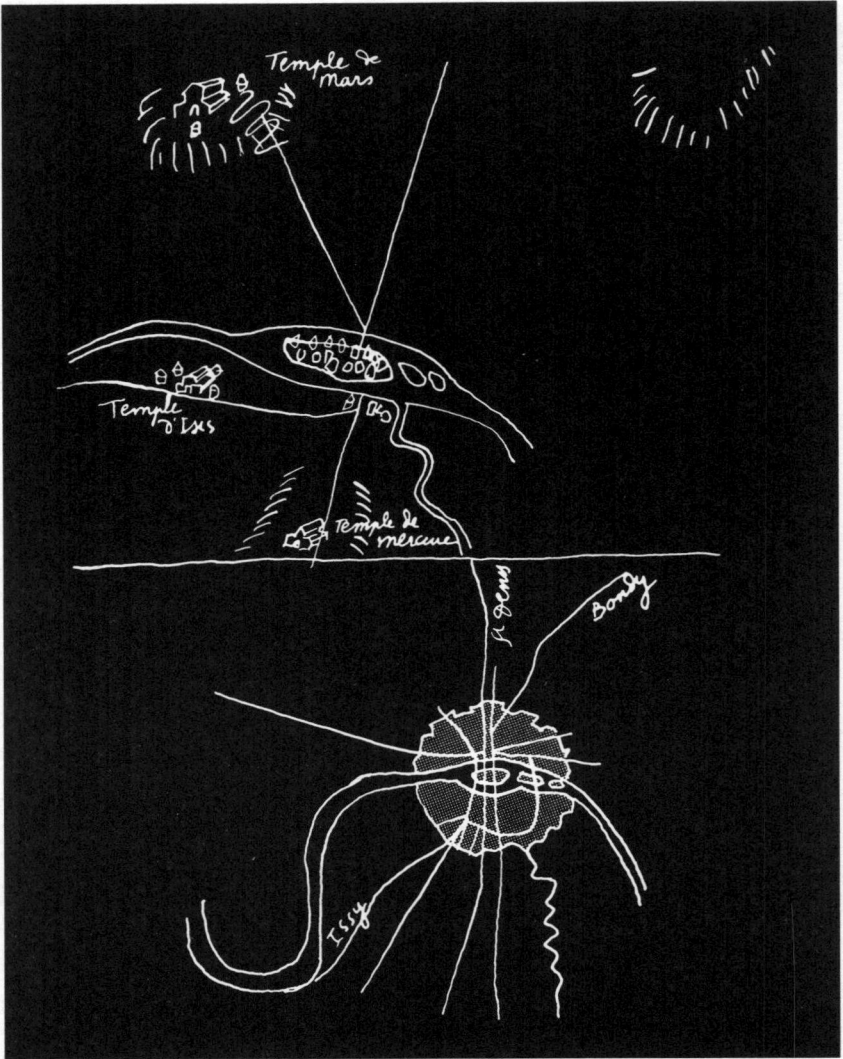

Temple de mars／战神庙／／Temple d'Iris／Iris 庙／／Temple de Mercure／罗神庙／／St Denis／圣但尼／／Bondy／邦迪／／Issy／伊西

LA CITÉ ADMINISTRATIVE DE PARIS

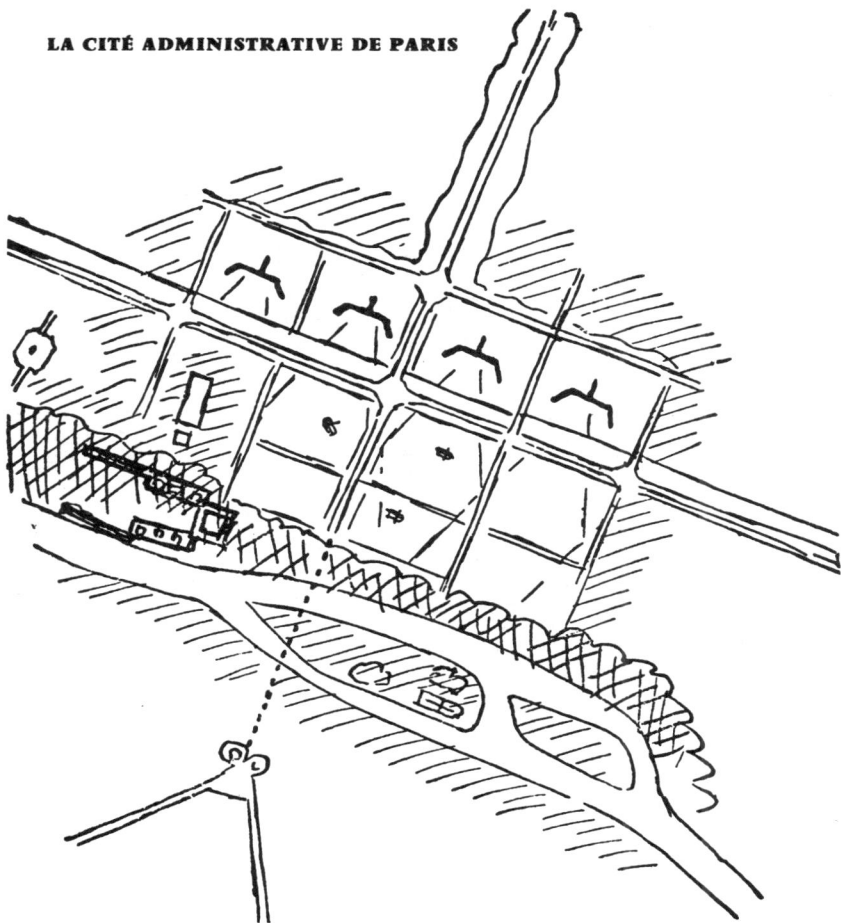

LA CITÉ ADMINISTRATIVE DE PARIS／巴黎的行政中心
城市中心区，作为心脏地带，仍然保留在原址。这里是各种东西被消费和分解的地方。
这里拥有广阔的空间和同样丰富的城市功能，珍贵的建筑物将得到永久的保护

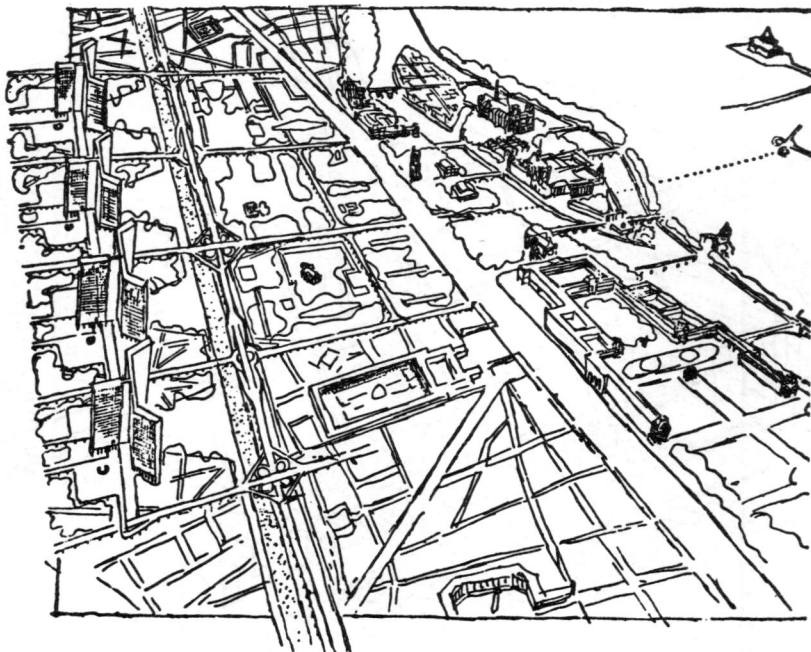

经过新一轮的转变
（作为其历史的一个
组成部分），巴黎将
重新找到适应自身需
求的生态形式，我们
从右边的草图中评价
城市环境的活力：
交通轴线：
1.历史保护区，充分
　发挥作用；
2.行政中心区；
3.政府办公区

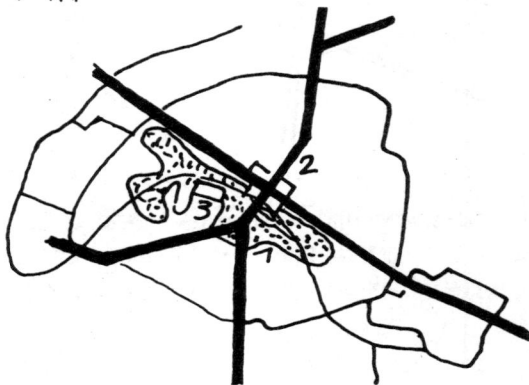

工厂

在巴黎，各个卫星城镇以及分散布局的工厂，只能成为引发交通拥堵和浪费的源头。

为了避免这种随意分散的状态，需要采取一种沿着交通和货运通道，如道路、铁路、水渠等并行线路，均衡式分散布局的形式。

今天，卫星城镇将在距离巴黎城区 50、100、200 或 300 公里的地方建设，并以尊重自然环境作为建设的根本基础。在这些新城中将实现原材料的转化，关于线性工业城市的设置原则在前文中已有详细论述。在塞纳河谷以西，以及马恩谷地以东的地方，拥有特别良好的建设环境。由此，巴黎能从郊区蔓延的麻风病困境中解脱出来，并重新考虑其命运：思想中心、行政和商业中心。

例如，在莫城（Meaux），沿着陆上道路（N3）、水路（乌尔克运河）、铁路和航空线路，我们可以为"线性工业城市"和加工厂设定选址参考地。交通网络规划参考 7V 原则制定。为机动车服务的 V3 网络则被缩减到最小规模。在每个有用的交通连接点上都设置有停车场。步行系统则独立于机动车道（V7、V5、V6）布置。

V4 邻近市民中心和手工艺中心设置，允许慢速行驶的小汽车和步行者的混合交通。V1 作为联系巴黎和雷斯（Reims）的国道与 V3 相连。最后，V8 供自行车和摩托车行驶，通往 V1 和各家住宅的大门。

这里还有面向所有建筑的公共服务，实行商业化管理，以租赁和分期偿还的方式运作。在建筑物底层平面，还提供有体育活动设施……

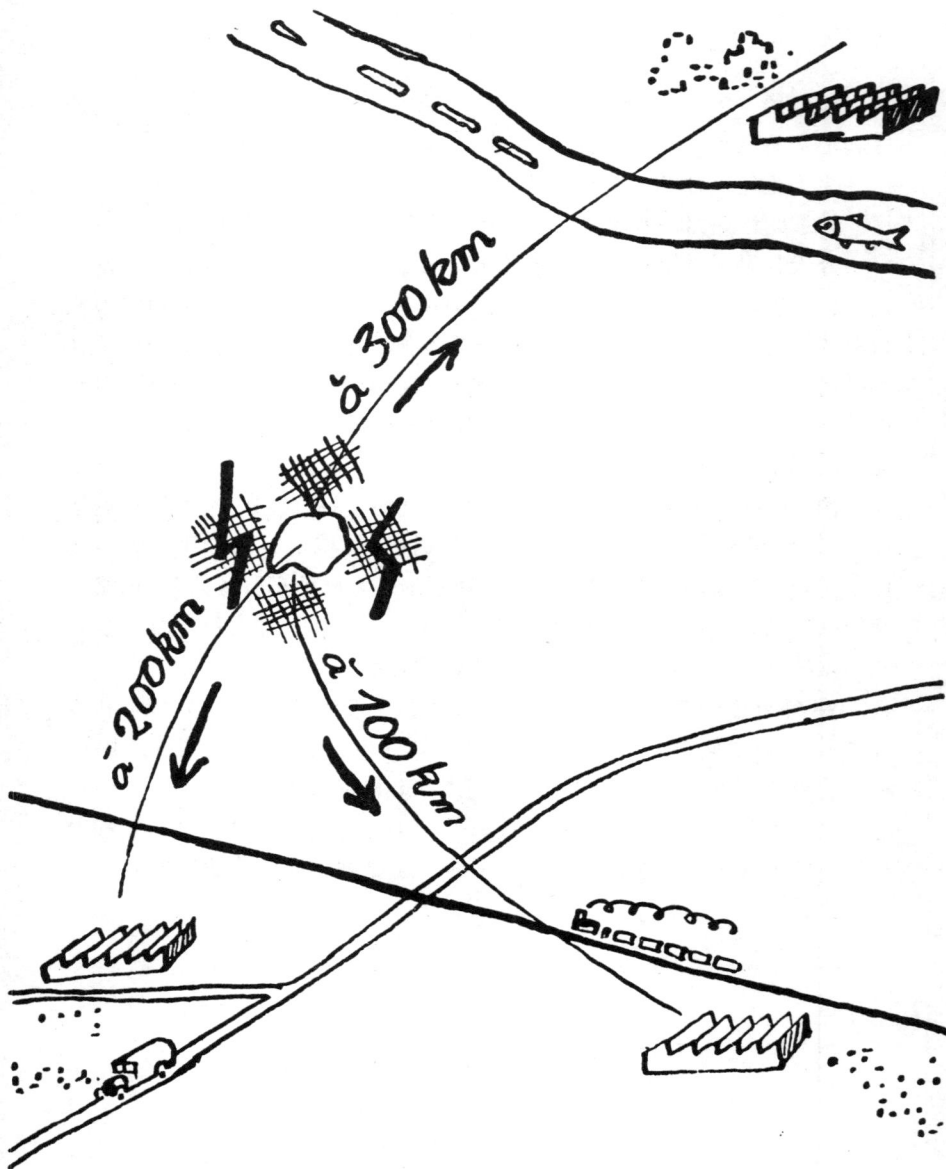

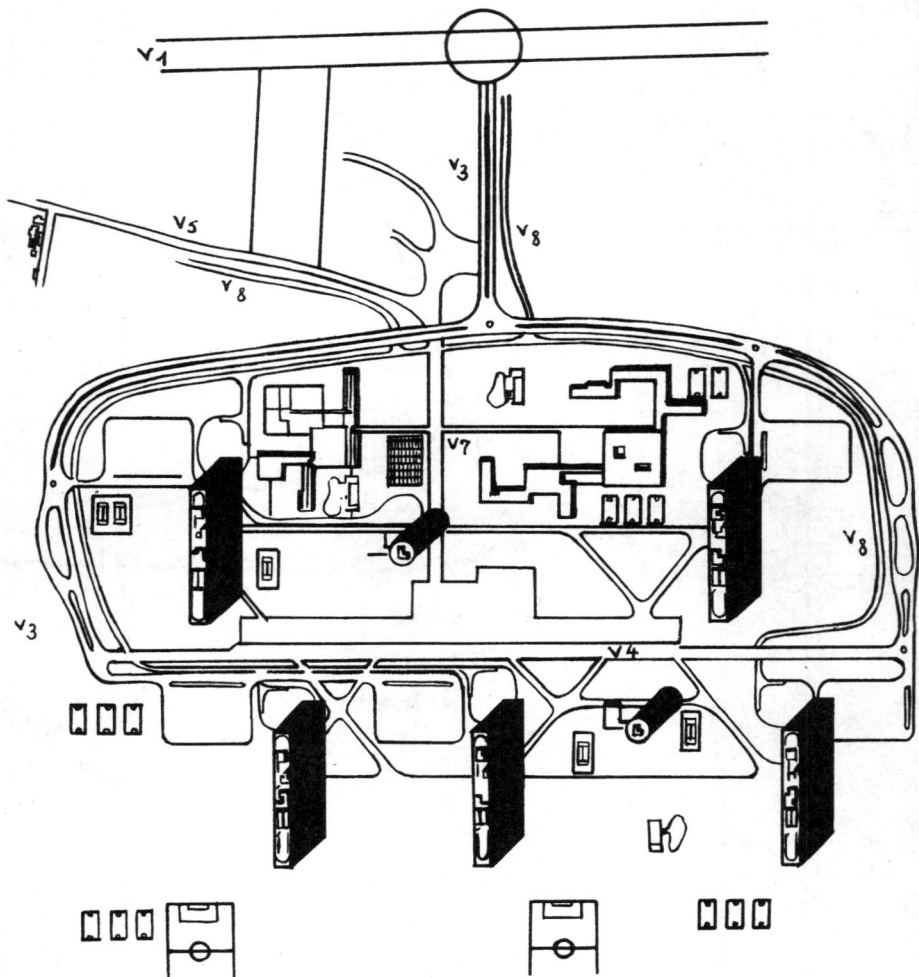

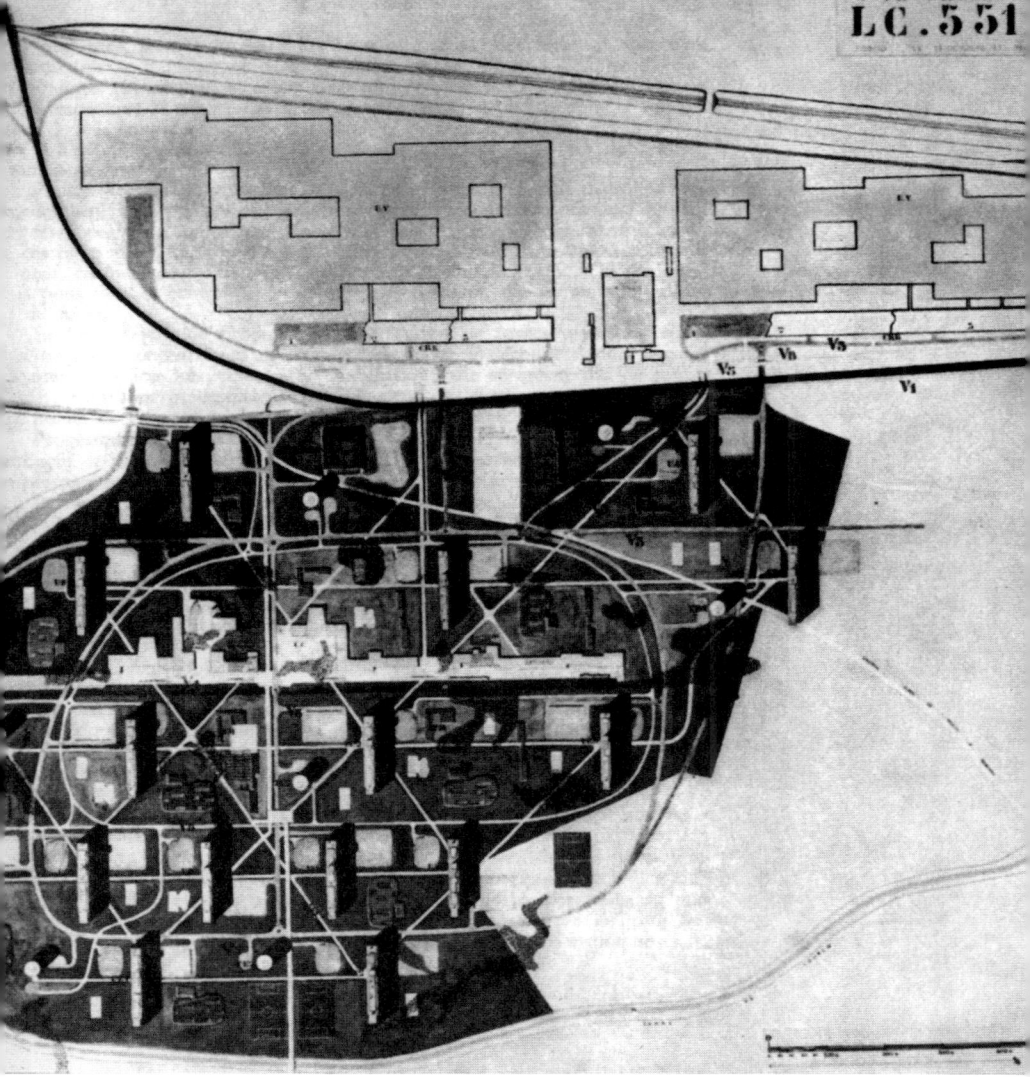

MEAUX
CITÉ RADIEUSE
LC.551

有些事实是不言而喻的。政府可能宣称："雷诺汽车公司必须离开比扬古尔市（Billancourt）！……雪铁龙汽车公司必须离开加维尔市（Javel）。"

对任何事情都这般发号施令的做法需要得到反思了。没有必要在抽屉中放上一份描绘巴黎城市未来发展的规划蓝图。规范自身就会使堵塞变得疏通，僵化的事物开始运动。而消除这种麻木的状态，正是我们未来建设的目标，将带来新的春天的希望。

由此，原则出现了：单中心放射状不断向外扩张的大城市不应该再继续增长。而服从于机械化大生产带来的变革，重新回到人类活动的尺度并提供服务。工业将不允许继续布置在大型城镇中：离开单中心放射状城镇而进入线性城市发展。按线性布局整齐排列，而不再四处散布。雷诺汽车公司的迁移，意味着 3 万户家庭将从此处撤离——可能有 10 万~15 万人口。这将置换出原来雷诺公司下属 3 万户工人家庭使用的住宅。进而，可以在巴黎城内或郊区地带拆除 3 万套不健康的住宅，这些在公共健康服务规划图中已经被标示成黑色的建筑，使得原居民迁入原属于雷诺公司的 3 万套新住宅中，而无需通过拆除后重建的办法。虽然后者似乎至今都是无法回避的行动，但事实上却在所有人口密集城镇地区的重新规划中都以失败告终。由此，我们可以在不健康住区的重建过程中，无需为拆迁居民建设新的住宅。原居民很方便地迁入 3 万户空置的住宅中，同时利用现代资源对原来相对简陋的住房进行重建，使其成为和谐的居住场所。

如果雷诺，如果雪铁龙，如果 M……，如果 N……，等等，这样，城镇将逐步拥有崭新的外观。

巴黎，这座单中心的城市，不应再继续扩张，而是缩减规模。经历数百年形成的庞大的郊区地带应该被兼并，而现在只是暂时的存在。郊区中所有的街区，都注定要被消除，然后通过更细致的途径重新建设一个更好的全新场所……摧毁之后，我们将重新建设一个截然不同的世界：建设公园，或者文化和体育活动场所。

我们还将停止建议建设卫星城。这些卫星城原本是为了减少大城市中心区的人口过度聚集，并同样采用单中心放射状的城市形态。应该说，单中心城镇的形成并不是一蹴而就的，而是预先注定的，它们占据的正是主要交通线路的交会处。

这是一项巨大的工程么？毫无产出的工程？为什么会这样？虽然它们没有产出效益，但事实上却能为人类带来幸福。这是一项为"居住的欢乐"支付代价的工程。

"我们将不再在比扬古尔市进行建设"，这样的回答将向全国宣告整个工作：

（a）乡村地区将被组织起来；

（b）线性城市将是理想的建设目标；

（c）单中心放射状的巴黎将变得清洁、纯净，重新成为法兰西岛天空下的人性化场所。机械化时代的第一个黑暗周期污浊了巴黎的砖石，第二个周期将使巴黎变得明亮、耀眼、空气清新。

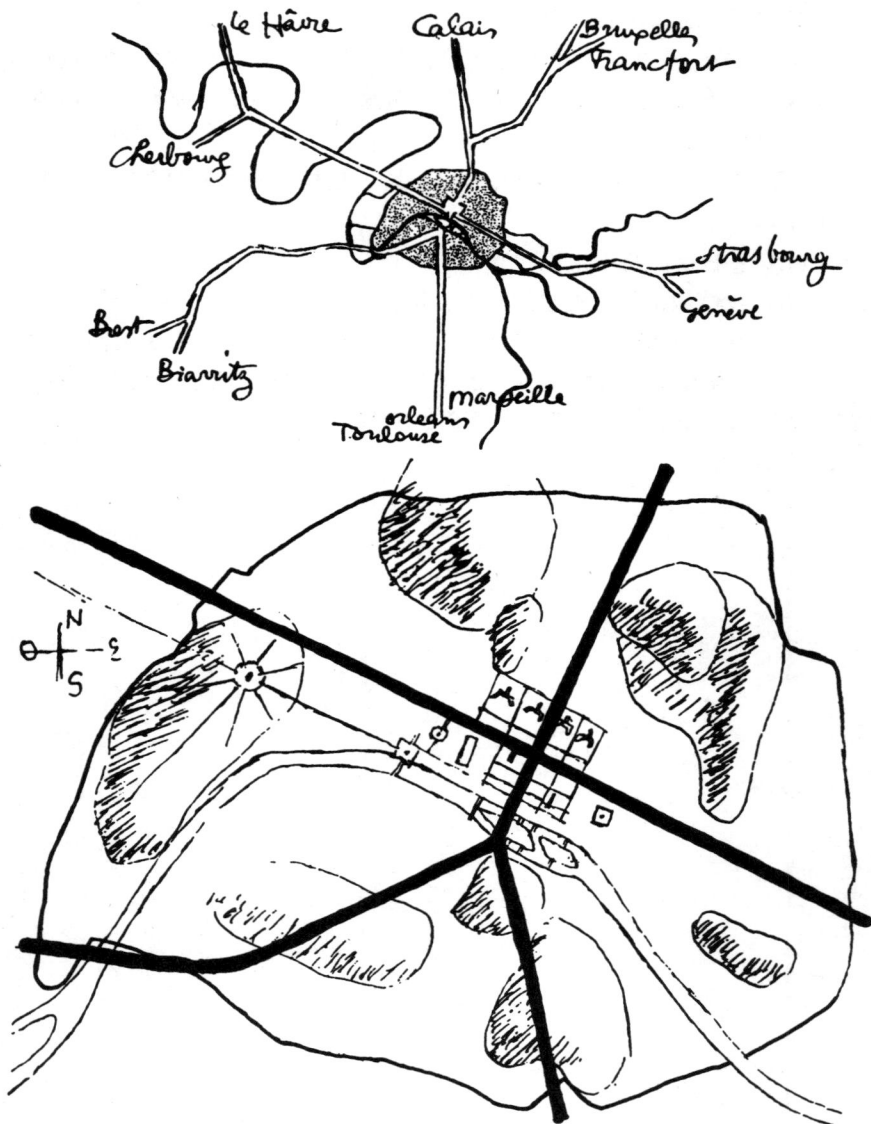

le Hâvre／勒阿弗尔／／Calais／加来／／Bruxelles／布鲁塞尔／／Frankfort／法兰克福／／Strasbourg／斯特拉斯堡／／Genève／日内瓦／／Marseille／马赛／／Orleans／奥尔良／／Toulouse／图卢兹／／Biarritz／比亚里茨／／Brest／布雷斯特／／Cherbourg／瑟堡

第 6 章
生活本身的开放途径

　　塞尚，面对机器时代的迅猛发展心存恐惧："生活是可怕的……一切都误入歧途！"生活以极其冷漠的态度面对人类的各种反应。在秋季，树叶飘落，草木凋零，蔚蓝的天空和温暖的气候变得罕见，一切都在云朵和寒冷前褪色。而进入春天，诱人的大自然与花蕾同时绽放，世界迎来了遍地的绿色草木和温暖的天空。人类的行为如果与自然状态背道而驰，将导致最富戏剧性的结果，惟一的出路只能是选择防守策略。相反的话，你会发现，任何人类行为，无论存在何种曲折或自相矛盾的表现，只要实现行为与生命意义的结合，最终将达到愚公移山的理想目标。人们的梦想和实际行动往往相互结合，有时甚至出现混淆。痛苦的经历通常持续长久并产生影响，但也正是这些痛苦的经历能孕育出技术的真实，并成为服务于社会发展的工具。由此，农业开发单元的准确意义体现为：一个位于开放田野中的技术中心，一个完全依循理论发展起来的崭新元素。村庄将不会受到影响，教堂和公墓照常运行，农场得到复兴或是分裂崩溃。

　　命运穿越时光，温柔地降落在大地和围墙之间：从此，它将成为生命的呼唤。

　　史前社会时期已经确定了森林和林中空地的边界，并在林中空地中进行耕地的整治和开发。在后来的历史进程中，土地被划分成小块分配给个人所有。也许，机器将使林中空地重新成为"生产统一体"。

　　"农业开发"单元成为再度唤醒大地的手段，使农民的工作更加轻松、简化和社会化，并作为一种便利、适宜的工具减轻劳动。

　　"线性工业城市"摒弃被迫无休止劳动的工人－农民和农民－工人模式，而依据固定职业的方式动作。由此，将出现一类与当代环境相适应的农民群体。乡村地区的环境将得到改善，机器文明将拥有大量基本农民的社会劳动力储备，光辉、愉悦的工业生产将在勇敢的竞争中实现全面的发展和环境的清洁。上述所有成就将来自以下双重的力量：一是作为政府和行政管理中心的"交换型城市"，二是作为思想和艺术中心的大学，它最后也成为物品的分配地（商人或机构）。

　　农业开发单元、线性工业城市以及单中心放射状的交换型城镇，成为现代城市生态发展的科学示范，同时伴以章程、法律和规范。

　　关于可利用土地上的社会职业构成已经形成了一套理论。政府可以每天制定决策、作好准备和解决问题。这些无穷无尽的具体案例，一旦通过强有力的理论而予以解决和处理，最终就会形成群众性的行为。

第7章
城市化研究

1922 年

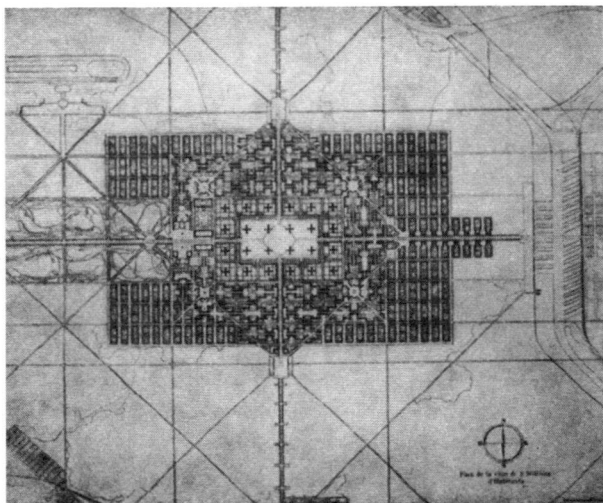

能同时容纳 300 万居民的城市

1925 年

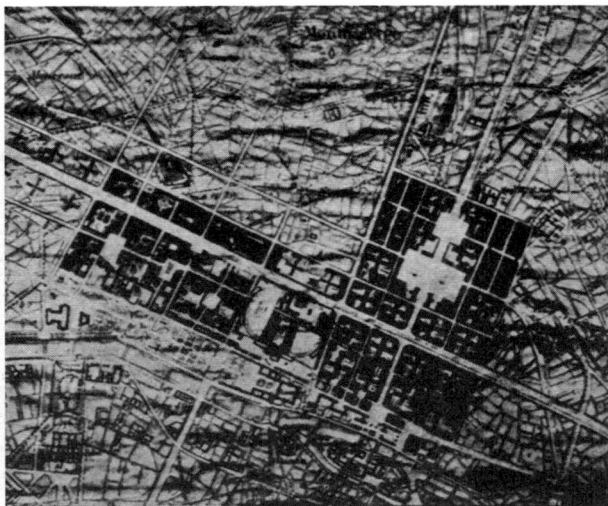

巴黎邻里规划方案

1925 年

巴黎邻里规划方案

1929 年

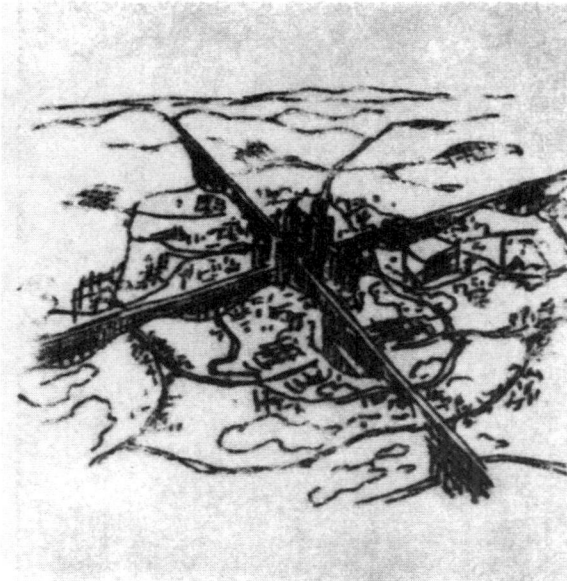

巴西圣保罗的城市化

1929 年

里约热内卢的城市化

1929 年

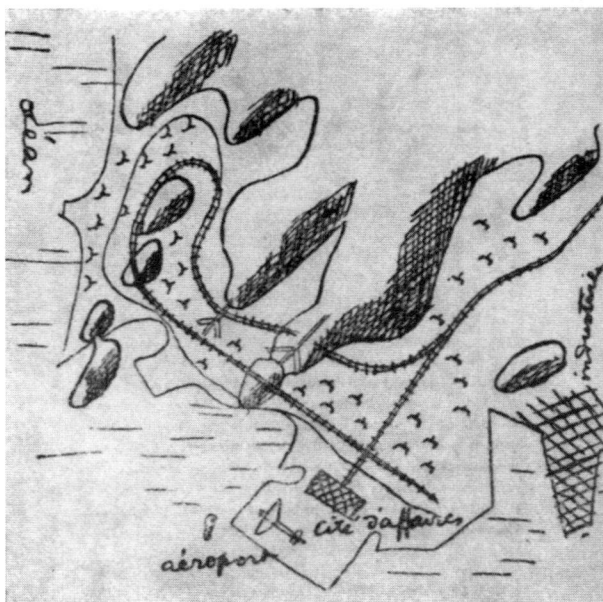

布宜诺斯艾利斯的城市化

1930 年

阿尔及尔城市规划方案 A

1932 年

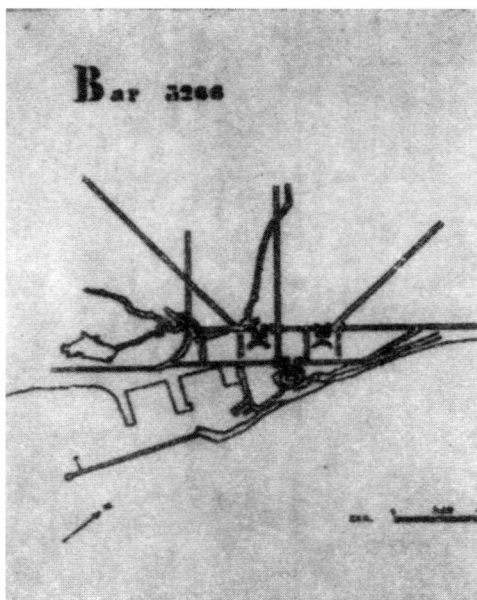

巴塞罗那的规划控制

1933 年

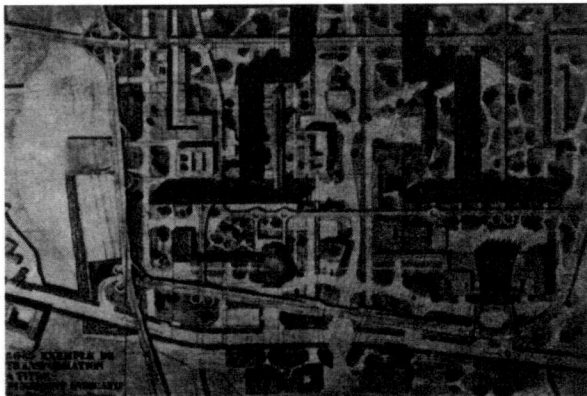

斯德哥尔摩的城市化

1933 年

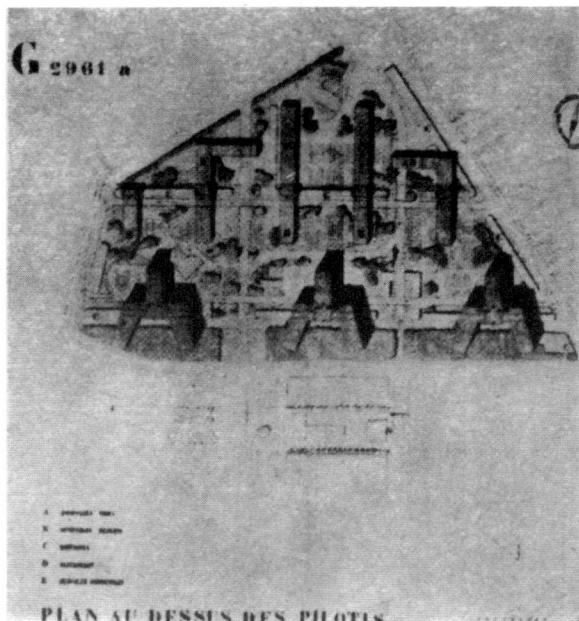

日内瓦右岸的城市化

1933 年

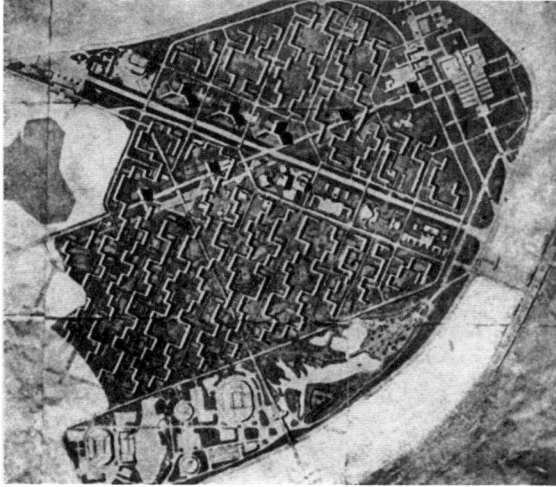

安特卫普的城市化

1934 年

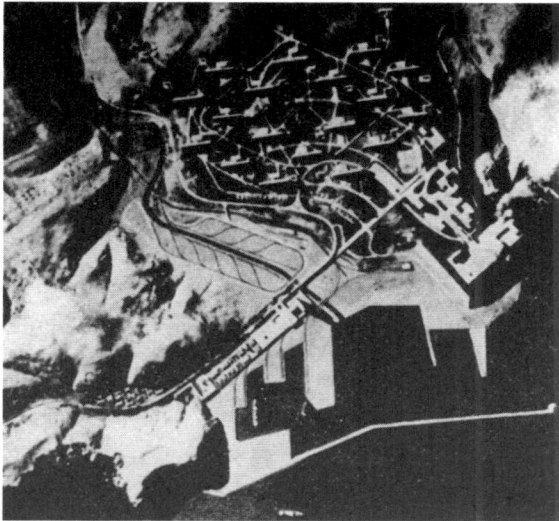

尼莫尔（Nemours，位于北非）的城市化

1935 年

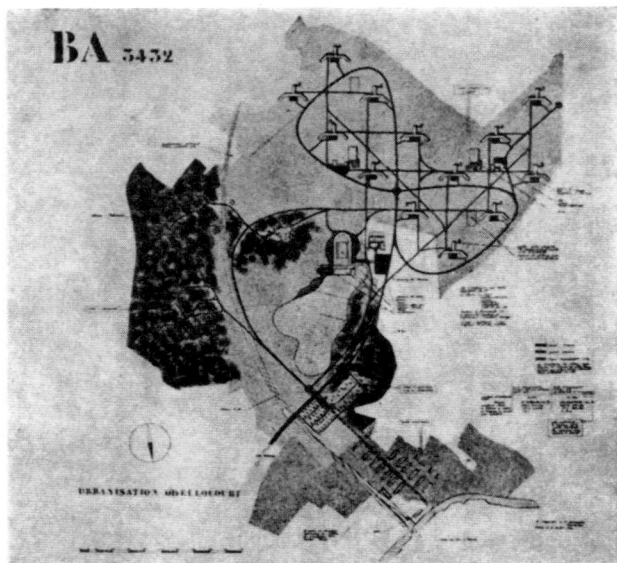

Hellocourt（位于法国洛林）的城市化

1936 年

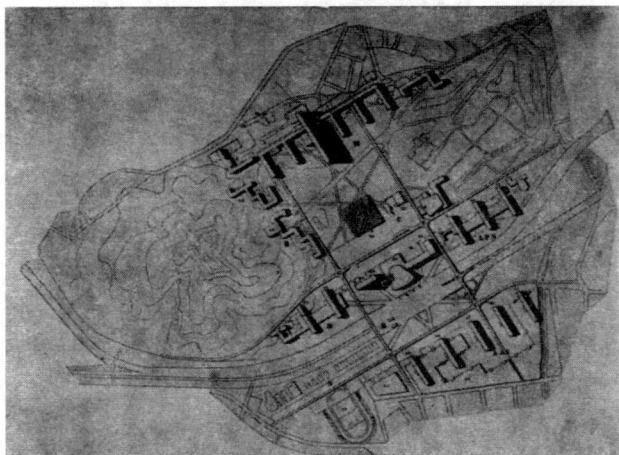

里约热内卢，巴西城市大学规划

1936 年

1937 年巴黎商务区规划

1936 年

穿越巴黎和第 6 街区的交通干道

1938 年

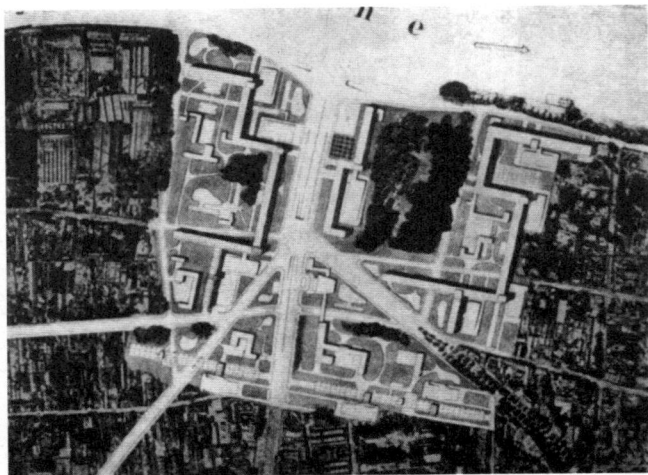

布洛涅塞纳河畔，圣克卢（Saint-Cloud）桥头地区的城市化

1938 年

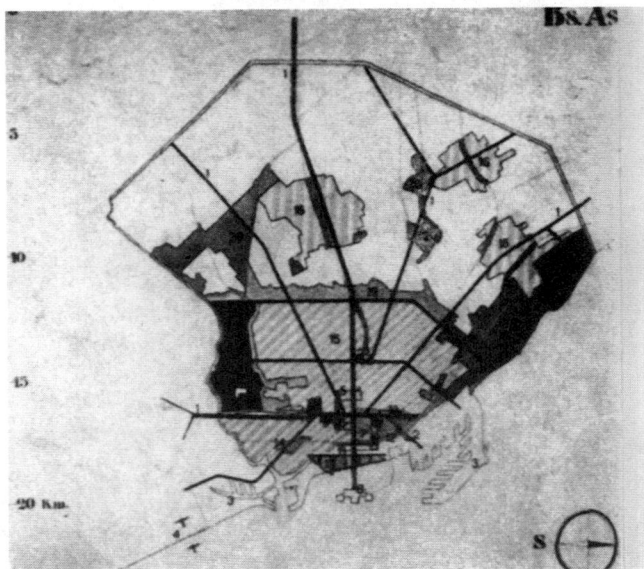

布宜诺斯艾利斯与 Ferrari 和 Kurchan 的城市总体规划

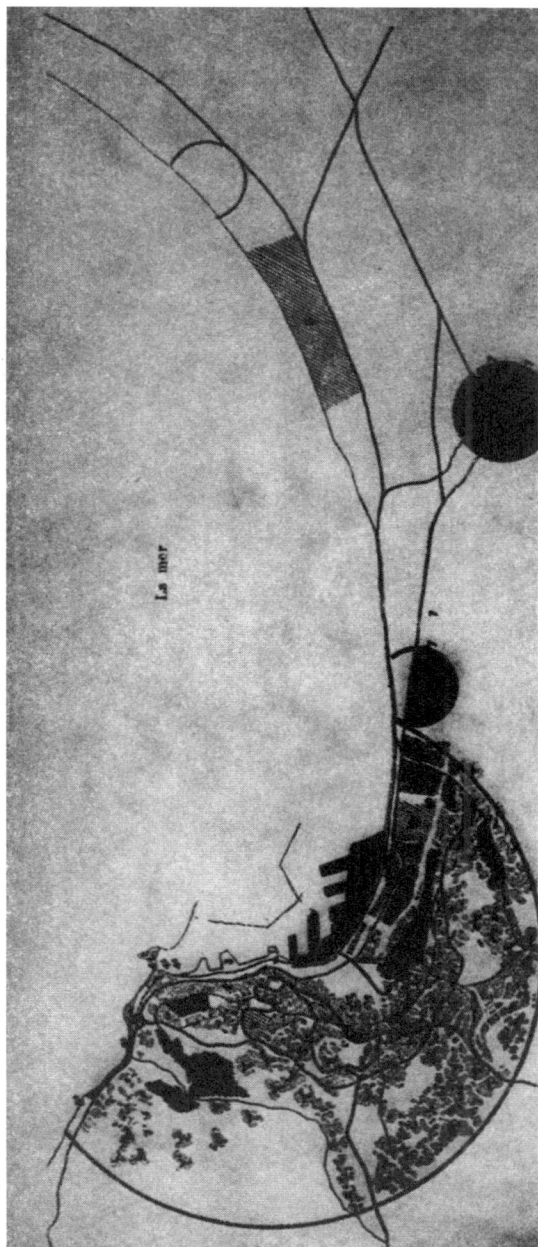

La mer

1942年

阿尔及尔的城市总体规划

1942 年

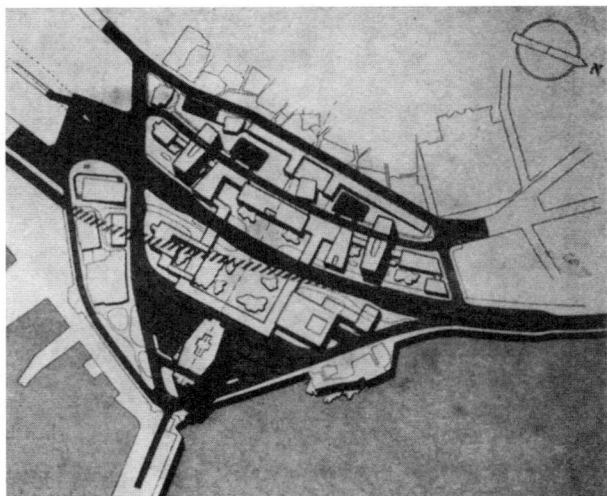

阿尔及尔海岸的城市化

1945 年

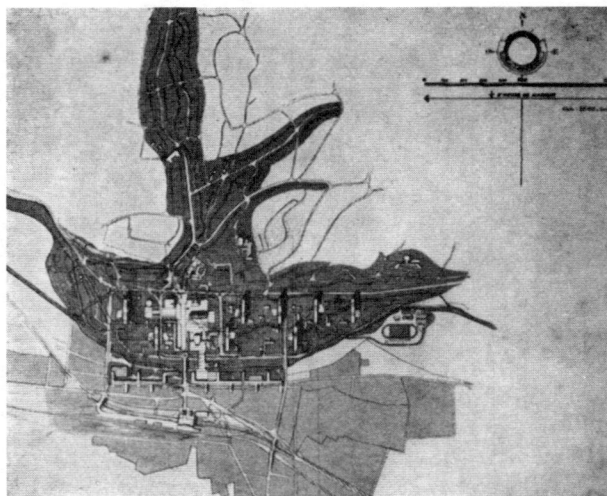

圣迪耶（孚日）［Saint-Dié（Vosges）］的城市化

1945 年

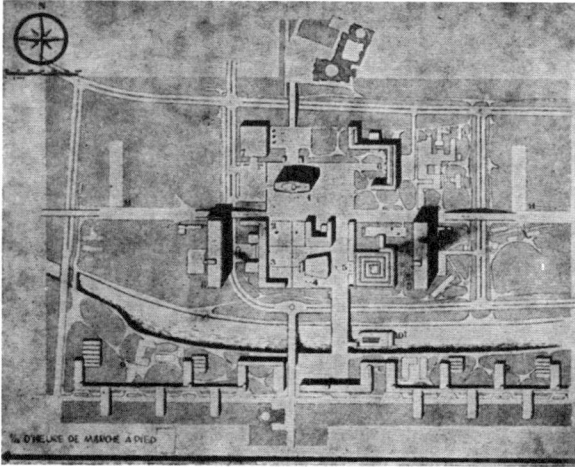

圣迪耶市中心

1946 年

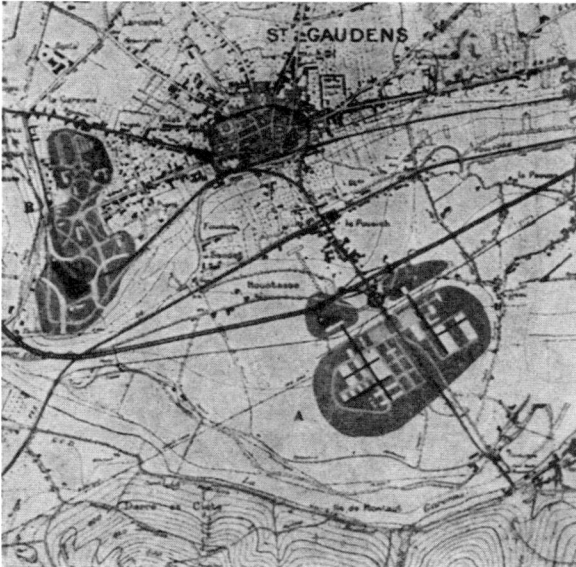

圣戈当（Saint-Gaudens）的城市化

1946 年

Rochelle-Pallice 的城市化

1947 年

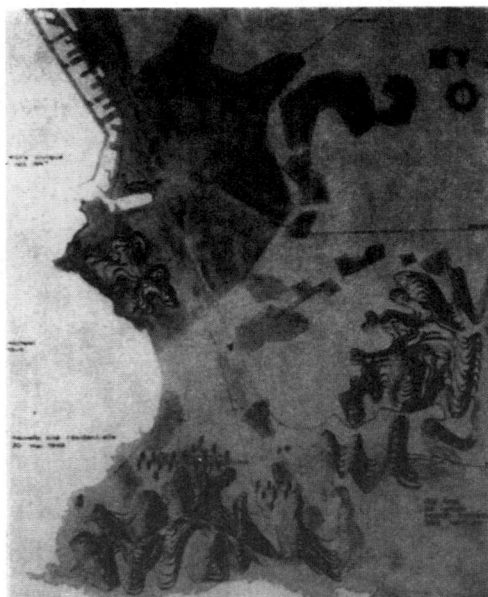

马赛－韦尔（Marseille-Veyre）的城市化

1948 年

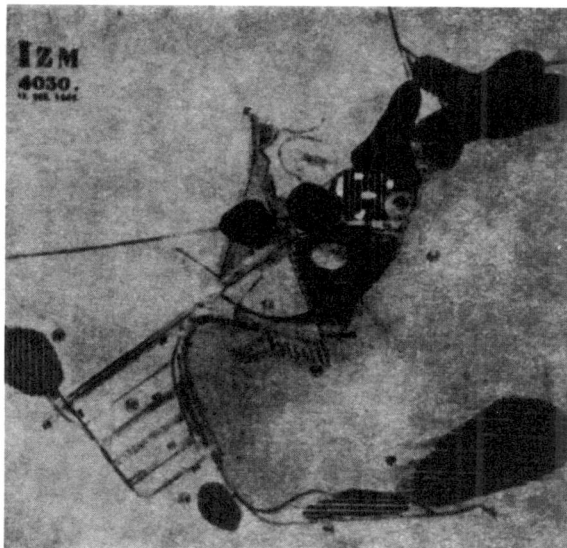

Ismir 的城市化

1950 年

波哥大的城市化

1951 年

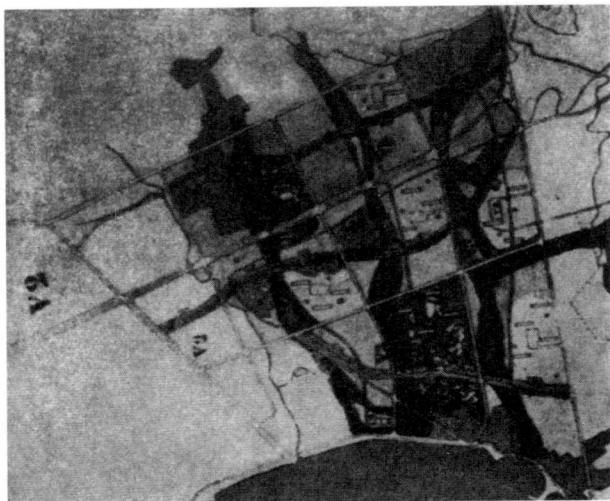

马赛南部地区的城市化

1951 年

马赛南部地区的城市化

1951 年

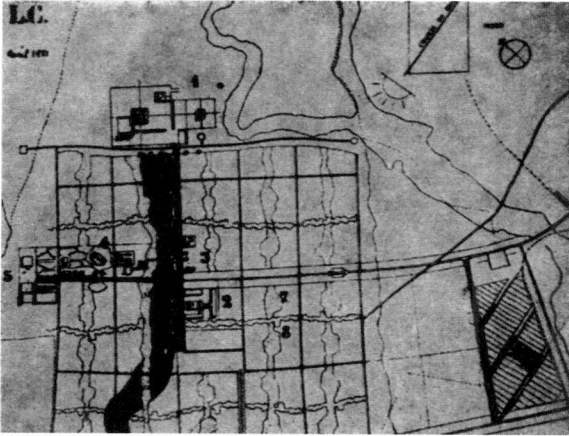

昌迪加尔的议会大厦，印度旁遮普邦首府

1951 年

昌迪加尔的政府大楼和议会大厦

1952 年

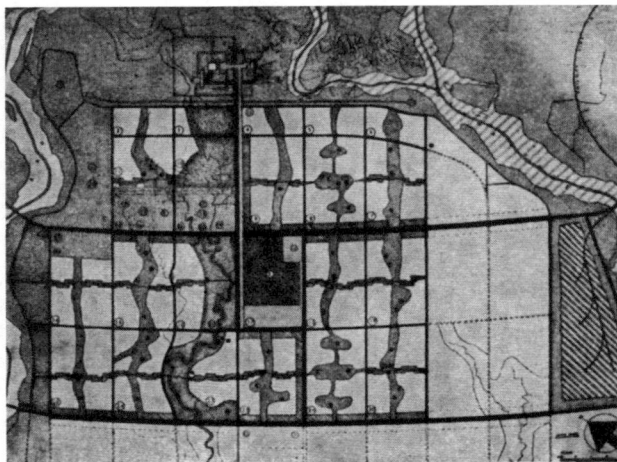

昌迪加尔最终版城市规划方案

1952 年

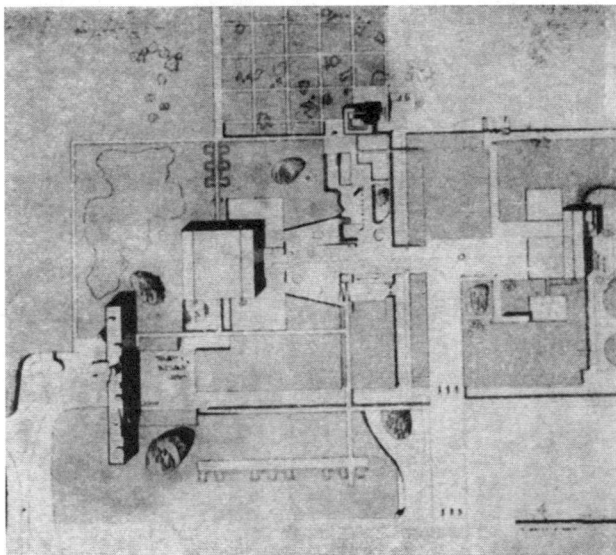

昌迪加尔议会大厦的最终规划方案

1958 年

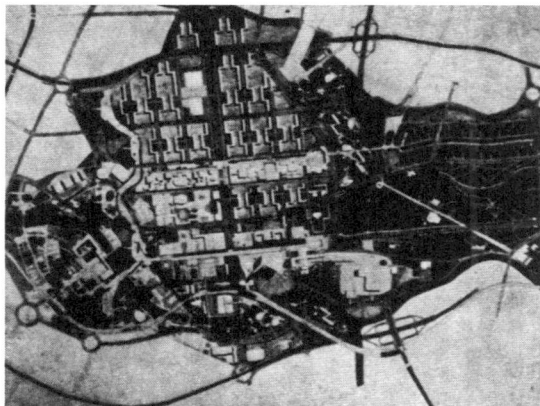

柏林追求的城市形态

1958 年

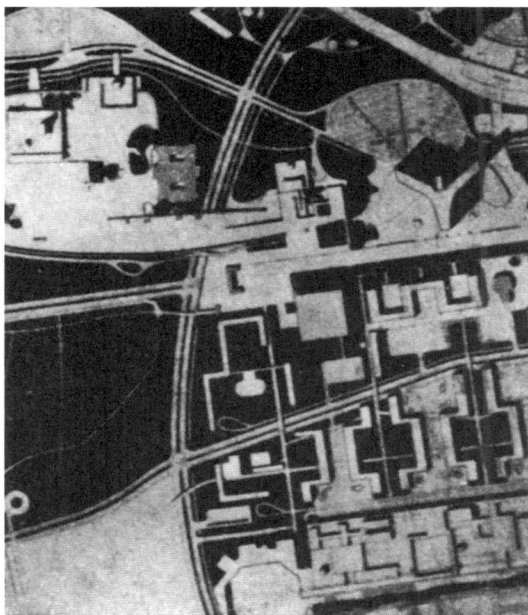

柏林追求的城市形态